零件几何量检测实验与习题

主编　胡照海　吴廷婷
主审　邱　红

北京理工大学出版社
BEIJING INSTITUTE OF TECHNOLOGY PRESS

图书在版编目（CIP）数据

零件几何量检测实验与习题／胡照海，吴廷婷主编．—北京：北京理工大学出版社，2017.11（2022.2重印）

ISBN 978 - 7 - 5682 - 4974 - 4

Ⅰ.①零… Ⅱ.①胡…②吴… Ⅲ.①机械元件－几何量－检测－实验－高等学校－习题集 Ⅳ.①TG801 - 44

中国版本图书馆 CIP 数据核字（2017）第 278677 号

出版发行／北京理工大学出版社有限责任公司

社　　址／北京市海淀区中关村南大街 5 号

邮　　编／100081

电　　话／（010）68914775（总编室）

　　　　　（010）82562903（教材售后服务热线）

　　　　　（010）68944723（其他图书服务热线）

网　　址／http：//www.bitpress.com.cn

经　　销／全国各地新华书店

印　　刷／三河市华骏印务包装有限公司

开　　本／787 毫米×1092 毫米　1/16

印　　张／9

字　　数／211 千字

版　　次／2017 年 11 月第 1 版　2022 年 2 月第 4 次印刷

定　　价／28.00 元

责任编辑／孟雯雯

文案编辑／多海鹏

责任校对／周瑞红

责任印制／李志强

前 言

Qianyan

　　本书为《零件几何量检测（第二版）》教材的配套教学辅导材料，内容包括"实验指导书""实验报告册"和"习题"三部分。开设的实验项目与教材内容相一致，既有车间常用检测，也有精密检测。每个实验都有实验目的、原理、方法、操作步骤、思考题等引导内容，填写的实验报告表形式基本相同。习题先后顺序与教材一致，题目的设计注重理论联系生产实际，立足于培养学生分析和解决问题的能力，题型包括判断、填空、选择、计算和综合练习等。

　　与本教材配套的还有"零件几何量检测"国家级精品资源共享课网络平台，免费开放提供学习指南、电子教案、教学课件、讲课教学视频、实验培训视频、同步习题及答案、模拟试卷及答案、相关标准和学习问答互动平台等，资料全面丰富，对教材使用者帮助颇大。

　　由于笔者水平有限，不妥之处在所难免，敬请读者批评指正。

作　者

目 录

Contents

第一部分　实验指导书

第二部分　实验报告册

目 录

Contents

第三部分　习　　题

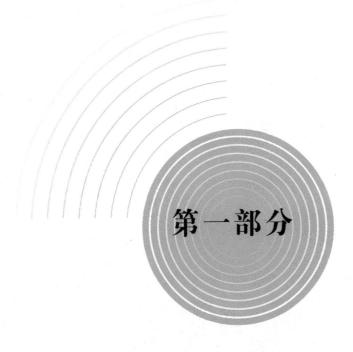

第一部分

实验指导书

实验一　量块的清洗、研合、组合与维护

一、实验目的

（1）认识并熟悉量块；
（2）测量基本功训练。

二、实验内容

1. 按量块选择原则选择组合量块组；
2. 清洗并擦干量块表面；
3. 按要求的手法将各个量块组合在一起；
4. 将研合好的量块组拆开，进行量块的维护保养。

三、实验仪器、设备及材料

量块一套、专用清洗油（或用汽油代替）、大绸（或脱脂棉）。

四、实验原理

量块亦称块规，是截面为矩形的平面平行端面量具。除作为工作基准外，还作为标准器用于检定和校准计量器具，调整机床，精密划线，有时也用于精密测量。量块的测量平面十分光洁、平整，它具有黏合性，即量块的一个测量面与另一量块的测量面（或其他精密加工的类似的平面）通过分子吸力作用而黏合，利用这个黏合性，我们将清洗好的量块用手给予少许压力，推合两块量块，使它们的测量平面互相紧密接触，这样就黏合好了。用同样的方法将所选的量块全部黏合在一起，组成所需要的尺寸。

五、实验步骤

1. 组合

GB/T 6093—2001《量块》标准共规定了十七套量块，每套具有一定数量的不同尺寸的量块，装在特制木盒内以供选用。组合量块时，为了迅速选择量块，应从所给定尺寸的最后一位数字考虑，每选一块应至少使尺寸位数减少一位，其余依次类推。为减少量块组合的累

积误差，应尽量用最少的量块组成所需的尺寸，通常应不多于 4 ~ 5 块。具体选择尺寸请参考表 1 – 1 – 1。

表 1 – 1 – 1　成套量块尺寸

套别	总块数	级别	尺寸系列	间隔/mm	块数
1	87	3	0.5		1
			1		3
			0.005		1
			1.01，1.02，…，1.49	0.01	49
			1.5		2
			1.5，1.6，…，1.9	0.1	5
			2，2.5，3，…，9.5	0.5	16
			10，20，…，100	10	10
2	83	1	0.5		1
			1		1
			1.005		1
			1.01，1.02，…，1.49	0.01	49
			1.5，1.6，…，1.9	0.1	5
			2，2.5，…，9.5	0.5	16
			10，20，…，100	10	10
3	46	2	1		1
			1.001，1.002，…，1.009	0.001	9
			1.01，1.02，…，1.09	0.01	9
			1.1，1.2，…，1.9	0.1	9
			2，3，…，9	1	8
			10，20，…，100	10	10
4	9	2	0.991，0.992…，0.999	0.001	9

2. 清洗

将选好的每一组合量块的各个量块表面用脱脂棉花、汽油清洗干净，再用干的脱脂棉花擦干待用。

3. 研合

将量块各个工作表面之间的空气用压力给予挤出，使其紧密接触。

4. 维护保养

当测量结束后，再将用过的量块组拆开，用汽油将各个量块表面清洗干净，用干的脱脂棉擦干，并均匀涂上少量的防锈油，放入特制木盒内。

六、实验报告要求

（1）叙述进行维护保养的步骤，重点应在维护过程；

（2）维护保养过程中问题重点是叙述为什么这么做。

七、实验过程中注意事项

（1）用镊子夹取量块时应尽量夹取量块的非工作面；

（2）除研合时必须用手推合量块以外，实验过程中应尽量不用手直接摸量块而用镊子夹取，特别是在维护保养过程中切忌用手触摸量块，即在维护保养前可以用手触摸量块，维护保养过程中不能用手触摸量块；

（3）清洗时应在容器底面铺一层棉花，以免量块测量面直接与容器底面接触而损坏量块的精度；

（4）量块放回盒子时，应字头朝上、字面向着开启方向，并放在规定位置。

八、思考题

为什么在量块的维护保养过程中，不能用手触摸量块？

实验二 用内径百分表测量孔径

一、实验目的

（1）加深理解相对测量与绝对测量的概念；

（2）巩固课堂理论知识：公称尺寸、实际尺寸、偏差、实际偏差、合格性的判定原则等；

（3）学会内径百分表的测量操作。

二、实验内容

（1）按公称尺寸选择量块组尺寸，并按实验一的要求组合好量块；

（2）校对量仪零位；

（3）测量工件孔的实际偏差；

（4）练习查阅公差表格；

（5）清洗、维护和保养需要防锈的物品。

三、实验仪器、设备及材料

（1）内径百分表一套、量块夹持器一套、量块一套、被测工件一件；

（2）汽油、脱脂棉等；

（3）学生自备记录纸、笔、三角板，带上与查表有关的书籍。

四、实验原理

内径百分表是一种用相对测量法测量孔径的常用量仪，它可测量 6 ~ 1 000mm 的内尺寸，特别适宜测量深孔直径，如图 1 - 2 - 1 所示。它的规格有 18 ~ 35mm、35 ~ 50m 等多种。

内径百分表由百分表和装有杠杆系统的测量装置组成，其结构如图 1 - 2 - 1 所示。活动测头 1 的位移经杠杆系统传递到百分表 4 的指针，从百分表的表盘读出位移。量仪附有一套各种长度的固定测头 2，根据被测孔径的大小，选用长度适当的固定测头。把调好零位的量仪放入被测孔中，则固定测头和活动测头都与孔壁接触。由于定心弦片借弹簧力始终与孔壁接触，其接触点的连线和被测孔的直径线互相垂直，使两个测头位于该孔直径方向上。但测

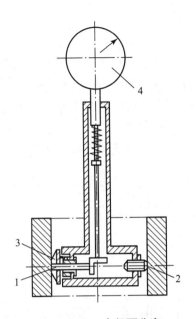

图 1 - 2 - 1　内径百分表

1—活动测头；2—固定测头；3—弹片；4—百分表

头在被测孔的轴向截面内可能倾斜，因此量仪在被测孔中还要左右轻微摆动，如图 1 - 2 - 2 所示。找出百分表指针所指的最小数值，该示值即为孔径实际尺寸对量块尺寸（或标准环尺寸）的偏差。

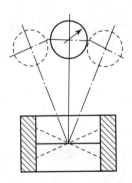

图 1 - 2 - 2　测量孔径

五、实验步骤

（1）根据被测工件被测部位的公称尺寸选择量块。将被测工件、选好的量块清洗干净并擦干。根据被测孔的公称尺寸，选择固定测头，把它旋入量仪的下端（如图 1 - 2 - 1 中 2 的位置）。把量块研合置于量块夹中，然后调整量仪零位。

调零方法：

把量仪的活动测头和固定测头放在具有准确尺寸的量块夹或标准环中（要先放入活动测头，并压紧定心弦片，然后放入固定测头），如图 1 - 2 - 3 所示。左、右轻微摆动量仪，若不动，则将固定测头调出来一些（即加大活、固两测头的距离），若百分表指针旋转超过一圈以上，应将固定测头调进去一些，直到指针偏转在半圈（50 格）左右较为合适。这时用量仪盒内专用扳手将固定测头锁紧螺母锁紧，再次将量仪的活动测头和固定测头放入量块夹或标准环中，左、右轻微摇摆量仪（这只是一个方向，此方向找到最小值以后，再使量仪绕百分表测量杆轴线做微小转动），找出百分表指针指示最小数值时的位置（转折点），转动表盘，将圆周刻度盘的零刻线转到指针所在的上述位置上，并校对几次，反复调整，然后把活动测头压进去使固定测头不接触量爪，缓慢地将量仪从量块夹中取出。

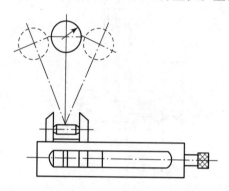

图 1-2-3　调整量仪零位

（2）把量仪放入被测孔中测量孔径（放入方法与放入量块夹中的方法相同）。摆动量仪，找出指针对零刻线所指最小数值的位置，读出该位置上的示值。在孔的三个横截面内测量，对每个横截面应相隔90°测两次。

（3）复查量仪零位，其误差不得超过±（1~2）μm，否则重测。

（4）按零件图样给定的技术要求和 GB/T 3177—2009《光滑工件尺寸的检验》判断被测孔的合格性。

六、实验报告要求

（1）分清示值范围与测量范围的区别、仪器不确定度允许值与仪器不确定度的区别。

（2）测量数据填写一定要注意单位。

（3）被测工件尺寸实际值不是图样上的要求尺寸，而是其测量结果，该处应填写所测量的实际尺寸的平均值。

（4）测量示意图不是测量图，是示意测量位置的图，所以应当将被测工件被测量的三个截面和各截面的两个方向表示出来，可不按实际尺寸画图，退刀槽、倒角等细节可以不画出来，线条粗细可不严格按照要求，但必须按制图要求画出其相应的视图对应关系。

（5）合格性结论后必须讲明理由。

七、注意事项

（1）测量时只能一人操作，眼睛看指示表的指针，测量头位置凭手上的感觉。

（2）调整量仪零位时注意两个方向反复找，一直找到最小值位置以后，将刻度盘零刻

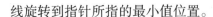

线旋转到指针所指的最小值位置。

（3）测量时注意：

①读数的正负方向、大小（其读数大小应当从百分表零刻线往两边读，即指针离零刻线的距离）；

②摆动量仪时，摆动速度不能太快，摆动速度应随判断读数位置准确程度逐渐减慢。

（4）测量数据取完以后，一定要复查零位。

八、思考题

（1）为什么内径百分表调整零位和测量孔径时都要摆动量仪，找出指针指示的最小值？

（2）固定测头磨损对测量是否有影响？

实验三　杠杆比较仪测轴径

一、实验目的

（1）加深理解相对测量与绝对测量的概念；

（2）巩固课堂理论知识：公称尺寸、实际尺寸、偏差、实际偏差、合格性的判定原则等；

（3）学会比较仪一类仪器的使用方法。

二、实验内容

（1）本尺寸选择量块组尺寸并按实验一的要求组合好量块；

（2）校对量仪零位；

（3）测量工件轴的实际偏差；

（4）练习查阅公差表格；

（5）维护和保养需要防锈的物品。

三、实验仪器、设备及材料

（1）杠杆比较仪、被测工件；

（2）汽油、脱脂棉等；

（3）学生自备记录纸、笔、三角板，带上与查表有关的书籍。

四、实验原理

比较仪有机械、光学、电动和气动几类，主要用于线性尺寸比较测量。用比较仪测量时，先用量块（或标准器）将量仪指针或刻度尺调到零位，被测尺寸对量块尺寸（或标准器）的偏差从刻度尺上读得。其中立式光学比较仪和立式机械比较仪用于测量外尺寸；卧式比较仪既能测量外尺寸，也能测量内尺寸。本实验使用杠杆比较仪。

杠杆式测微表如图 1-3-1 所示。上刃口 3 是固定不动的，下刃口 4 与测量杆 5 相连，两刃口之间为棱块 2，两刃口的距离就是杠杆的短臂 a，框架指针 1 与棱块 2 连为一体，指针长即为杠杆的长臂 L。为了保证两刃口彼此平行，将下刃口 4 的末端做成圆锥体，或放在测量杆 5 的圆锥孔内，所以可以自动调整两刃口的平行度（测量杆 5 可在非常精确的导管内

移动)。棱块 2 连同指针 1 绕上刃口 3 的支点摆动,下刃口 4 随测量杆 5 上下运动。其动作的放大倍数为:

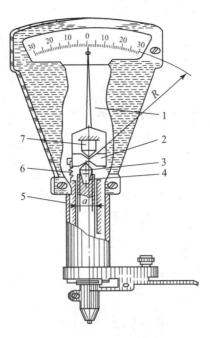

图 1 - 3 - 1 杠杆式测微表

1—指针;2—棱块;3—上刃口;4—下刃口;5—测量杆;6—弹簧;7—螺钉

$$K = L/a$$

通常 $a = 0.1$ mm,$L = 100$ mm,则 $K = 1\,000$,其分度值为 0.001 mm。为了减小测量误差,测量杆末端可以套上各种形式的测量头。如球形测量头用于测量平面零件;刀刃形测量头用于测量圆柱形零件;平端测量头用于测量球形零件。以保证测量头与零件之间成为点接触或线接触。

测微表按刻度间隔数目的不同,分为窄刻度(20 个刻度)和宽刻度(60 个刻度)两种。

宽刻度测微表的标尺上面有两个可移动的公差指示针,用两个小螺钉固定在盖板后面。测量大批量零件时,拨动公差指示针,使其处在规定尺寸的极限位置上,测量时只要看指针偏转是否在两公差指示针之间,即可判断零件是否合格,因而可提高测量效率。

杠杆测微表的测量压力是靠弹簧 6 来保证的,向下按动拨叉,便使测量杆 5 上升,测量头即可离开被测零件的表面。

杠杆比较仪是将测微表装在固定支架上(图 1 - 3 - 2),测微表插入支臂中,并用螺钉紧固,支臂可沿立柱升降,立柱则装在底座上。

比较仪是用块规来调定尺寸的。初调时,旋转升降螺母,使支臂和测微表一起升降,让测量头和放在工作台上的块规组接近。精调时,旋转微调升降螺母,上升工作台使块规组与测量头接触,直至指针与刻度尺上的零线重合,用螺钉将工作台固紧,按下拨叉,使测量杆上升,然后取下块规组。将被测零件放在工作台上即可进行测量。

杠杆比较仪一般可以测量长度为 180mm、直径为 ϕ150mm 以内的零件。

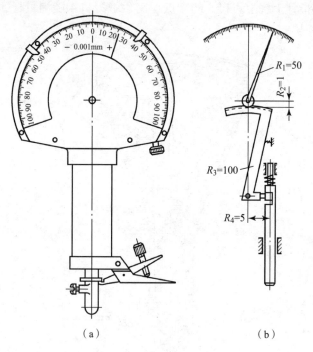

（a） （b）

图 1-3-2 杠杆比较仪

五、实验步骤

（1）根据被测表面的几何形状选择测头。测头与被测表面的接触应为点接触或线接触。一般，测量平面工件应选择球形测头，测量圆柱形工件选择刃口形测头，测量球面工件应选择平面形测头。选好测头后，把它安装到测杆上。

（2）根据被测工件被测部位的公称尺寸选取量块，把它们清洗、擦干并研合成量块组。同时，将工件等一并清洗干净并擦干。

（3）根据被测工件的形状选择合适的测量头。

（4）调整量仪零位：初调时，旋转升降螺母，使支臂和测微表一起升降；精调时，旋转微调升降螺母；最后旋转表盘螺钉，直至指针与刻度尺上的零线重合。

（5）拨动测头提升器使测头抬起，取下量块组，换上被测工件。在工件的两个或三个截面上，相隔90°的径向位置处测量。读数时注意示值的正、负号，示值即为被测工件相对于尺寸的偏差。

（6）取下被测工件，再放上量块组，复查其零位，其误差不得超过 ±0.5μm，否则重测。

（7）按工件图样和 GB/T 3177—2009《光滑工件尺寸的检验》判断被测工件的合格性。

六、实验报告要求

（1）分清示值范围与测量范围的区别、仪器不确定度允许值与仪器不确定度的区别。

（2）测量数据填写一定要注意单位。

（3）被测工件尺寸实际值不是图样上的要求尺寸，而是其测量结果，该处应填写所测量的实际尺寸的平均值。

（4）示意图不是测量图，是示意测量位置的图，所以应当将被测工件被测量的三个截面和各截面的两个方向表示出来，可不按实际尺寸画图，退刀槽、倒角等细节可以不画出来，线条粗细可不严格按要求，但必须按制图要求画出其相应的视图对应关系。

（5）合格性结论后必须讲明理由。

七、实验注意事项

（1）测量操作时眼睛看表盘里的标尺，在被测截面内使工件在工作台上做滚动，切忌做推动，滚动速度不能太快，一旦发现滚过了最高点以后，工件应进行回滚，这样来回滚动，直到找到最高点（即最大值）即可读数。

（2）读数注意正负方向，一定不要犯上正下负的经验主义错误。

（3）调整量仪零位时注意，不管是粗调还是微调，不要忘记拧紧锁紧螺母，以防止在测量过程中量仪零位发生变化。

（4）测量数据取完以后，一定要复查零位。

八、思考题

（1）杠杆比较仪测量轴径属于何种测量方法？其特点是什么？该比较仪能否用于绝对测量？

（2）什么是刻度间距、分度值？它们与放大倍数有何不同？

（3）量仪的测量范围与刻度尺的示值范围有何不同？

（4）选取量块的原则是什么？使用量块时应注意哪些问题？

（5）杠杆比较仪的测杆与工作台不垂直对测量结果有何影响？

实验四　在平台上测工件平面度误差

一、实验目的

（1）加深理解平面度的概念和平面度误差评定的最小区域的建立及评定方法；

（2）巩固课堂理论知识：公差和误差的区别、合格性的判定原则等；

（3）学会确定被测要素的基准、建立测量的方案、选择测量基准及常规测量工具和附件的使用方法。

二、实验内容

（1）组装百分表磁力表座，清洗和组装工件支座（即小千斤顶）；

（2）学会百分表与表座的结合使用方法；

（3）测量小平板的平面度误差；

（4）练习查阅公差表格；

（5）维护和保养需要防锈的物品。

三、实验仪器、设备及材料

（1）百分表一个、磁力表座一套、支座三套、被测工件、测量平台；

（2）汽油、脱脂棉等；

（3）学生自备记录纸、笔、三角板，带上与查表有关的书籍。

四、实验原理

平面度误差是指被测实际平面对其理想平面的变动量。平面度误差常用一定的布线来测量，按规定的布线测出被测表面上各点相对于测量基准的量值。如图 1-4-1 所示，当按最小区域法评定平面度误差时，要确定理想平面（评定基准）的位置。

由于最小区域法理想平面的位置是随被测表面的平面度不同而变化的，因此，在这种情况下，取得各测点的量值后，确定理想平面的位置要符合图 1-4-2 所示平面度误差判别法中某一种接触形式，并以此来确定被测表面的平面度误差值 f。

平面度误差判别法：由两平行平面包容实际表面时，至少有三点或四点与两平行平面分别接触，且为最小区域，如图 1-4-2 所示。

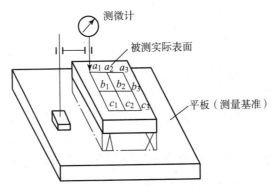

图 1 - 4 - 1 指示器测量平面度示例

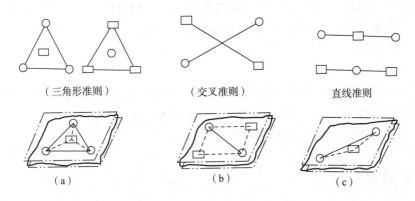

（三角形准则）　　　　　　（交叉准则）　　　　　　直线准则

（a）　　　　　　　　　　（b）　　　　　　　　　　（c）

图 1 - 4 - 2 平面度的最小区域

（1）接触形式一：三个高点与一个低点（或相反）。实际表面上应有三个最高（或最低）点与一理想平面接触，一个最低（或最高）点与另一理想平面接触，且最低点的投影落在由三个最高（或最低）点连成的三角形内，如图 1 - 4 - 2（a）所示，则该两平面就构成最小区域，其宽度 f 即是该实际表面的平面度误差。这种接触形式称为三角形准则。

（2）接触形式二：两个最高点与两个最低点。实际表面上两个最高点与一理想平面接触，两个最低点与另一理想平面接触，且由两最高点和两最低点分别连成的直线在空间呈交叉状态，如图 1 - 4 - 2（b）所示，则该两平面构成最小区域，其宽度 f 即是该实际表面的平面度误差。这种接触形式称为交叉准则。

（3）接触形式三：两个最高点与一个最低点（或相反）。实际表面上两个最高点（或最低）点与一理想平面接触，一个最低（或最高）点与另一理想平面接触，且投影位于两个最高（或最低）点的连线上，如图 1 - 4 - 2（c）所示，则该两平行平面就构成最小区域，其宽度 f 即该实际表面的平面度误差。这种接触形式称为直线准则。

要把被测表面上各测点对测量基准的量值转换为对与评定方法相对应的评定基准的量值，需经过数据处理。处理数据时，误差值的评定方向仍可认为是垂直于测量基准的，由此产生的测量误差甚小，可忽略不计。

五、实验步骤

(1) 将工件（小平板）、支座（小千斤顶）、测量平台等用汽油清洗干净并擦干；

(2) 将磁力表座组装好，安上百分表，并将支座组装好；

(3) 把支座放在测量平台上，将其大致调到等高，再将其摆放成三角形，把工件放在支座上；

(4) 调整百分表位置，使其测杆垂直于测量平台，且测头与被测工件的被测要素接触并压下 0.5~1mm（即百分表大指针转过半圈至一圈）；

(5) 调整支座升降，使被测工件表面大致平行于测量平台面，这时若准备用旋转法处理数据，则可以开始做第（6）步；若用最简单的最高点减最低点的方法处理数据，则应继续调整，使工件被测要素最远端三点相对于测量平台等高；

(6) 被测要素布点：将工件被测表面长和宽分别等分（等分份数根据工件情况自定），其等分线交点就是测量点；

(7) 用百分表分别测量其各个测量点，读出百分表指示值并记录；

(8) 进行数据处理，求出被测工件平面的平面度误差；

(9) 根据零件图的技术要求判定零件的合格性。

六、实验报告要求

(1) 测量数据记录一定要按照测量位置对号入座，不可随意填写；

(2) 数据处理一定要将处理过程写出来；

(3) 注意数据的单位。

七、实验注意事项

(1) 安装百分表时一定注意测杆要垂直于测量平台的表面；

(2) 测量时，测完一点，换位置测量过程中不能将表座提起来，应在测量平台上推移，并且百分表最好不要离开被测表面；

(3) 每一次读数时，应注意小指针的位置，以免读数差大格；

(4) 一定要注意百分表的分度值；

(5) 由于工件只给出公差等级，故需查表找公差值。若要查表，还需要知道基本参数，所以测量数据取完以后，切忌不要忘记测量工件的基本参数。

附：举例说明平面度的测量及按最小区域法评定平面度误差值的数据处理方法。

图 1-4-3 所示为采用指使器测量平面度误差的数据处理示例。

将被测零件用支撑置于平板上，平板工作面为测量基准。测量时，按被测表面上相距最远的三点进行调整，使之与平板等高，然后按一定的布线对被测表面上各测点进行测量，记取各测点读数并列于表 1-4-1 中，按最小区域法对各测点的读数进行数据处理，评定平面度误差值。

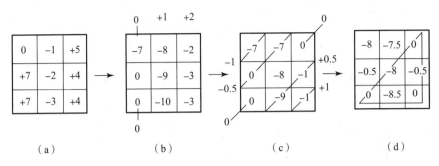

图 1 - 4 - 3　旋转法处理指示器测量平面度误差数据示例

表 1 - 4 - 1　平面度测量数据

测点	a_1	a_2	a_3	b_1	b	b_3	c_1	c_2	c_3
读数/μm	0	- 1	+ 5	+ 7	- 2	+ 4	+ 7	- 3	+ 4

a_1	a_2	a_3		0	- 1	+ 5
b_1	b	b_3	-	+ 7	- 2	+ 4
c_1	c_2	c_3		+ 7	- 3	+ 4

按最小区域法评定——旋转法：

（1）建立评定基准（理想平面即最小区域法的上包容面），取得各测点相对于评定基准的平面度数据。方法是把各测点的量值减去其中最大正值，如图 1 - 4 - 3（b）所示。这就相当于将测量基准平移到与被测实际表面接触而不相割的位置，此时最高点数值为零。

（2）选择旋转轴、旋转量和旋转方向，变换被测表面各测点的数据，一直旋转到各测点数据符合最小区域判别法的规定为止。

旋转轴的选择是通过最高点（数值为零的点），并最有利于减小最大数字的负值的任一行、列或斜线为旋转轴，用 0 - 0 标出旋转轴的位置。如图 1 - 4 - 3（b）中最大数字的负值点 C_2（- 10），故选 $A_1B_1C_1$ 为旋转轴最为有利。

旋转量取决于最低点，为了改变各点至评定基准的距离，必须使其中最低的点缩小距离至不出现正值的点或不出现有大于原有最大数字的负值的点。同时注意，测量基准旋转后，在旋转轴两侧各测点的旋转量与它们至旋转轴的间隔格数成正比，也与它们在横向或纵向至旋转轴的间隔格数成正比。如图 1 - 4 - 3（b）所示，若将测点 C_2 转至零，即从 - 10 变到 0，则同一列上的 A_2、B_2 均出现正值；同时考虑其他测点也不出现正值。所以，测点 C_2 从 - 10 改为 - 9，即旋转量为 + 1；按上述原理，$A_3B_3C_3$ 列距旋转轴格数成正比，故该列的旋转量为 + 2。变换各测点数据后，如图 1 - 4 - 3（c）所示。

以最小区域判别法检验不符合，需继续进行处理。

再次选择旋转轴，如图 1 - 4 - 3（c）所示选斜线 0 - 0 为旋转轴，旋转量如图上标注。测量基准旋转后，旋转轴两侧的旋转方向相反，所以旋转轴一侧的旋转量取正值、另一侧为负值。

（3）确定平面度误差值，将各行、列的旋转量标注在图 1 - 4 - 3（d）上，知符合最小区域判别法的接触形式一（见图 1 - 4 - 2），三个高点（A_3、C_1、C_3）与一理想平面（评定基准）接触，一个低点（C_2）与另一个理想平面接触，且最低点的投影落在由三个高点连成的三角形内。平面度误差值是由最小包容区域的宽度，即包容实际表面的两平行平面的最高点与最低点之间的差值来评定，则平面度误差值：

$$f = 0 - (-8.5) = 8.5 \ (\mu m)$$

八、思考题

（1）评定平面度误差的方法首选哪一种？如果发生异议，怎样仲裁？

（2）平面度公差带与平面度误差带有什么区别？

实验五　圆跳动的测量

一、实验目的

(1) 加深理解跳动的概念和跳动误差评定的最小区域的建立及评定方法；

(2) 巩固课堂理论知识：公差和误差的区别、合格性的判定原则等；

(3) 学会确定被测要素的基准、建立测量的方案、选择测量基准、常规测量工具和附件的使用方法。

二、实验内容

(1) 组装百分表磁力表座；

(2) 学会钟表式百分表与杠杆式百分表和表座的结合使用；

(3) 分别测量齿轮轴的径向圆跳动和端面圆跳动；

(4) 练习查阅公差表格；

(5) 维护保养需要防锈的物品。

三、实验仪器、设备及材料

(1) 钟表式百分表和杠杆式百分表各一个、磁力表座一套、被测工件、V 形架或偏摆检查仪、实习工厂车床一台；

(2) 汽油、脱脂棉等；

(3) 学生自备记录纸、笔、三角板，带上与查表有关的书籍。

四、实验原理

圆跳动是限制指定测量面内被测要素轮廓圆跳动的一项指标。跳动量是指示器在绕着基准轴线回转的轮廓圆上测得的。按跳动的测量方向与基准轴线的位置，圆跳动分为三种：当测量方向垂直于基准轴线时，为径向圆跳动；当测量方向平行于基准轴线时，为端面圆跳动；当测量方向既不垂直也不平行于基准轴线，但为被测表面法线方向时，为斜向圆跳动。

测量圆跳动通常多用 V 形架、顶尖、套筒等模拟基准轴线，用指示表测量。圆跳动误差是指被测实际要素绕基准轴线做无轴向移动回转一周时，由位置固定的指示器在给定方向上测得的最大与最小读数之差。

五、实验步骤

1. 以 V 形架体现基准轴线的测量方法及步骤

（1）将工件、一对 V 形架和检验平板清洗并擦干，把 V 形架放在检验平板上，被测零件放在 V 形槽内，使基准轴的外母线与 V 形架工作面接触，并在轴向定位，使指示器测头在被测表面接触并将测杆压缩 0.5~1mm，如图 1-5-1 所示。这时若指示器测量方向垂直于基准轴线，则是测径向圆跳动（注意：指示器测量杆应与基准轴线在空间垂直并相交），如图 1-5-1 中指示器①的位置；若指示器测量方向平行于基准轴线，则是测端面圆跳动，如图 1-5-1 中指示器②的位置。

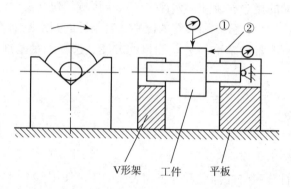

V形架　　工件　　平板

图 1-5-1　用 V 形架测量圆跳动示意图

（2）转动被测零件，观察指示器示值变化，记录被测零件在回转一周的过程中指示器①的最大读数 M_1 与最小读数 M_2，指示器②的最大读数 M_3 与最小读数 M_4，则指示器①所测截面的径向圆跳动为

$$f_{径} = |M_1 - M_2|$$

指示器②所测圆柱面上的端面圆跳动为

$$f_{端} = |M_3 - M_4|$$

（3）按上述方法，指示器①测若干个截面，取各截面上所测得的径向圆跳动中最大值作为该零件的径向圆跳动量；指示器②测若干个圆柱面，取各圆柱面上所测得的端面圆跳动中最大值作为该零件的端面圆跳动量。

（4）按零件图样的技术要求判定零件的合格性。

2. 以两顶尖连线体现基准轴线的测量方法及步骤

该实验采用跳动检查仪（或偏摆检查仪）来测量径向圆跳动和端面圆跳动。如图 1-5-2 所示，测量时被测工件（齿坯）安装在心轴上，用心轴轴线模拟体现基准轴线，然后把心轴顶在跳动检查仪上的两顶尖之间，把指示器测头分别置于齿坯外圆柱面和端面上并压进 0.5~1mm。其余步骤与 1 的步骤相同。

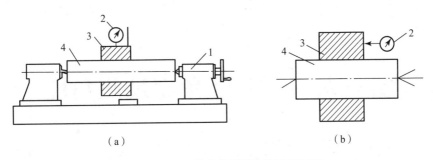

图 1 – 5 – 2　用检查仪测量圆跳动示意图

1—跳动检查仪；2—指示表；3—零件；4—心轴

六、实验报告要求

数据处理一定要将处理过程写出来。

七、实验注意事项

（1）测量径向圆跳动时应使用钟表式百分表，调整时，把钟表式百分表表座安放在偏摆检查仪导轨上，磁力表座的磁路打开，使表座连同百分表固定在偏摆检查仪的导轨上，调整百分表位置，使百分表测量杆垂直于工件轴线，测头在被测圆截面的最高点上且压进 0.5～1 圈；

（2）测量端面圆跳动时应使用杠杆式百分表，调整时应使百分表测头的测量方向与工件轴线平行，并压下半圈左右；

（3）测量时应慢速旋转工件一周，观察百分表上的读数变化，记录百分表上的最大值和最小值；

（4）重复测量 3～6 个截面，将每个截面百分表上的最大值和最小值记录下来；

（5）每个截面的最大值与最小值之差即是该截面内的圆度误差值，取其所有截面圆度误差值中的最大值作为该工件的径向圆跳动值；

（6）测量时一定要注意百分表的分度值；

（7）由于工件只给出公差等级，故需查表找出公差值。若要查表，还需要知道基本参数，所以测量数据取完以后，切忌不要忘记测量工件的基本参数。

八、思考题

测量径向圆跳动能否代替测量圆度误差？

实验六　用万能角度尺测角度

一、实验目的

（1）巩固课堂理论知识：公差和误差的区别、合格性的判定原则等；
（2）学会万能角度尺的使用及读数方法、常规测量工具和附件的使用方法。

二、实验内容

（1）按被测工件被测要素的角度大小组装相应测量范围的角度尺；
（2）用万能角度尺测量被测工件的角度；
（3）练习查阅公差表格；
（4）维护和保养需要防锈的物品。

三、实验仪器、设备及材料

（1）万能角度尺、被测工件；
（2）汽油、脱脂棉等；
（3）学生自备记录纸、笔、三角板，带上与查表有关的书籍。

四、实验原理

　　万能角度尺的类型很多，使用最广泛的类型如图 1 - 6 - 1 所示，其结构如下：基尺 4 固定在尺座 3 上，游标 1 和扇形板 6 可以沿着尺座移动，用制动头 5 制动。在扇形板上有卡块 10 装着角尺 7，角尺上又有卡块 9 装着直尺 8，2 是微动装置。图 1 - 6 - 1 所示的万能角度尺是根据游标原理制成的。在尺座上刻有基本角度标尺，尺上朝中心方向均匀地刻着 121 条刻线，每两条刻线间的夹角是 1°；游标上共刻有 31 条刻线，每两条刻线间的夹角是 $\left(\frac{29}{30}\right)^{\circ}$。因此，尺座和游标每一刻度间隔所夹夹角之差为 $1° - (29/30)° = (1/30)° = 2'$，所以这种万能角度尺的分度值为 2′，其测量范围为 0° ~ 320°。

　　利用基尺、角尺、直尺的不同组合，可以测量 0° ~ 320° 范围内的任意角度，如图 1 - 6 - 2 所示。生产车间常用万能角度尺直接测量被测工件的角度。

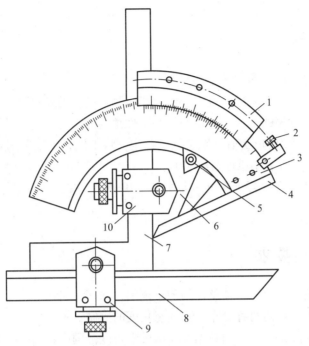

图 6-1 万能角度尺

1—游标；2—微动装置；3—尺座；4—基尺；5—制动头；6—扇形板；7—角尺；8—直尺；9，10—卡块

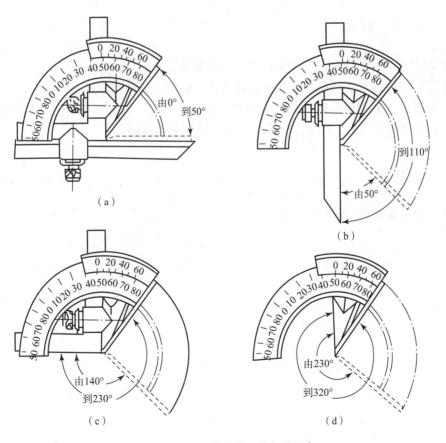

（a）

（b）

（c）

（d）

图 1-6-2 万能角度尺的各种组合

五、实验步骤

（1）将被测工件清洗干净并擦干；

（2）按被测工件被测要素的角度大小组装相应测量范围的角度尺；

（3）测量：将角度尺的基尺和直尺与被测工件角度的两边贴合好，旋转制动头 5，以固定游标 1，再取下工件读出角度值（贴合好的判定：将工件和角度尺同时对光测量观察，角度边与尺边光隙均匀，则表明已贴合好了）；

（4）在不同的部位测量若干次（一般是 6 ~ 10 次），按一般尺寸的判定原则判断其合格性。

六、实验报告要求

（1）仪器测量范围应填写仪器整体的测量范围，即 0° ~ 320°；

（2）角度偏差应为双向对称分布，且注意角度的进制；

（3）合格性的条件是：所测的数据均在两极限角度范围内；

（4）测量结果中的实际角度应为所测数据的平均值。

七、实验注意事项

（1）测量顶尖圆锥角时，务必将尺边与锥角母线贴合；

（2）万能角度尺属于游标类的尺子，读数时一定要注意分度值；

（3）由于工件只给出公差等级，故需查表找出公差值。若要查表，还需要知道基本参数，所以测量数据完以后，切忌不要忘记测量工件的基本参数。

八、思考题

万能角度尺能否用于精密测量？

实验七 用正弦规测量圆锥锥度偏差

一、实验目的

(1) 巩固课堂理论知识：极限偏差和实际偏差的区别、合格性的判定原则等；
(2) 学会正弦规、常规测量工具及其附件的使用方法；
(3) 再次巩固直接测量和间接测量的基本概念。

二、实验内容

(1) 用正弦规测量工件的圆锥锥度偏差；
(2) 练习查阅公差表格；
(3) 维护和保养需要防锈的物品。

三、实验仪器、设备及材料

(1) 正弦规、被测工件、量块一套、百分表、表座、检验平台；
(2) 汽油、脱脂棉等；
(3) 学生自备记录纸、笔、三角板，带上与查表有关的书籍。

四、实验原理

正弦规的外形如图 1 – 7 – 1 所示，它的工作面 1 与底部两个等直径圆柱 2 的公切面平

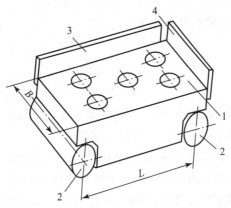

图 1 – 7 – 1 正弦规

1—工作面；2—圆柱；3，4—挡板

行，挡板3、4用来安放被测工件。按工作面宽度 B 的不同，它可分为宽型和窄型两种。两圆柱中心距 L 有 100mm 和 200mm 两种规格。正弦规主要用于测量小角度和外圆锥的圆锥角，需要和量块配合使用，放置在平板上，用指示表读数。

正弦规是利用直角三角形的正弦函数关系进行测量的。参看图 1-7-2，测量时根据被测圆锥的公称圆锥角 α 和正弦规圆柱的中心距 L，按下式计算出量块的尺寸 h：

$$h = L \times \sin\alpha \qquad (1-7-1)$$

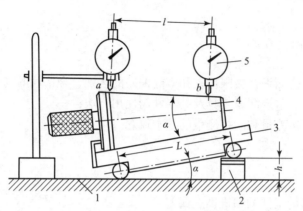

图 1-7-2　测量原理图

按 h 值组合的量块组垫在正弦规一端圆柱下面，如果被测圆锥的实际圆锥角等于 α，则该圆锥的上素线必与平板工作面平行，即指示表在上素线两端 a、b 两点的示值相同，否则指示表在 a、b 两点的示值就不相同，分别为 M_a 与 M_b，这时，a、b 两点读数之差（$M_a - M_b$）与 a、b 两点间的距离 l（可用直尺或游标卡尺量得）之比即为锥度偏差 Δc，并计及正、负符号。

$$\Delta c = \frac{M_a - M_b}{l} \qquad (1-7-2)$$

锥度偏差乘以弧度对秒的换算系数后，即可求得圆锥角偏差：

$$\Delta\alpha = 2\Delta c \times 10^5 = \frac{M_a - M_b}{l} \times 2 \times 10^5 \qquad (1-7-3)$$

式中，$\Delta\alpha$——圆锥角偏差，其单位为秒（"）。

五、实验步骤

（1）根据被测圆锥图样上标注的圆锥角和正弦规两圆柱的中心距，计算量块组的尺寸，然后选取量块，把它们清洗干净、擦干并研合成量块组。

（2）将正弦规、工件、检验平台清洗干净并擦干，把量块组放在平板上，把被测圆锥塞规固定在正弦规的工作面上。将正弦规的一端放在平板上，另一端用量块垫起，如图 1-7-2 所示；然后在被测圆锥素线上取 a、b 两点（它们各距端面约 3mm），把指示表架放在平板上测出 a、b 两点的示值，旋转圆锥塞规 90°，重复测量。如此操作，每隔 90° 测一条素线两端示值，各取其平均值 $\overline{M_a}$ 和 $\overline{M_b}$；再用钢板尺或游标卡尺测出 a、b 两端的距离 l（或测出

圆锥总长度减去 3×2 mm）。

（3）根据测量数据和公式（1-7-2）计算锥度偏差（注意：$\overline{M_a} - \overline{M_b}$ 一定要计正负符号），或根据公式（1-7-3）计算圆锥角偏差。

（4）根据图样技术要求判定其合格性。

六、实验报告要求

（1）数据处理一定要将过程写出来；

（2）锥度、锥度极限偏差和锥度实际偏差均属比值，一定不要延续惯性去任意带上单位；

（3）锥度极限偏差和锥度实际偏差不能忘记偏差值的方向（即不能忘记正、负符号）；

（4）工件合格性的条件是：工件锥度实际偏差在锥度两极限偏差范围内。

七、实验注意事项

（1）为了使圆锥上素线与检验平台平行（理论上的），量块组一定不能垫在圆锥大端，要按图示位置放置；

（2）工件只能将圆锥锥体部分放在正弦规的工作表面上，不能将锥柄一起放在正弦规的工作表面上；

（3）百分表的安装使用与前面的实验相同；

（4）打表时应一条素线两端测量完，再转动工件 90° 测量，如此测量 4 条素线的两端共 8 次读数；

（5）记录时，大小两端数据不能记混了，应大端归大端、小端归小端。

八、思考题

（1）何谓间接测量？它的特点是什么？

（2）用正弦规测量圆锥角的测量误差有哪些？

实验八　用三针法测量外螺纹中径

一、实验目的

（1）巩固课堂理论知识：螺纹标记、螺纹中径的计算、合格性的判定原则等；
（2）练习查螺纹公差表格，区别螺纹公差表格与普通尺寸公差表格；
（3）学会外径千分尺、常规测量工具及其附件的使用方法。

二、实验内容

（1）用外径千分尺结合三针测量外螺纹中径；
（2）用外径千分尺测量三针代用品的直径；
（3）查阅公差表格；
（4）维护和保养需要防锈的物品。

三、实验仪器、设备及材料

（1）外径千分尺、被测工件、量针代用品；
（2）汽油、脱脂棉等；
（3）学生自备记录纸、笔、三角板，带上与查表有关的书籍。

四、实验原理

用三针法测量外螺纹中径，是将三根直径皆为最佳直径 d_0 的量针分别放入螺纹直径两边的沟槽中，如图 1-8-1 所示，用杠杆千分尺、卧式光学比较仪或卧式测长仪等量仪测出针距尺寸 M，然后计算出螺纹单一中径 d_2 的数值。采用最佳直径 d_0 的量针，是为了避免牙型半角误差对中径测量结果产生影响，即应使该量针与螺纹沟槽接触的两个切点恰好在中径线上。因此，

$$d_{0最佳} = \frac{P}{2\cos\frac{\alpha}{2}} = \frac{P}{\sqrt{3}}$$

式中，P——公称螺距；
　　　α——公称牙型角。

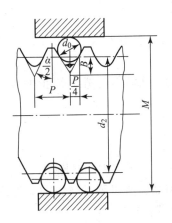

图 1 - 8 - 1　三针测量螺纹单一中径

螺纹单一中径 d_2 按下式计算：

$$d_2 = M - 3d_0 + 0.866P$$

对于公制螺纹，$\alpha = 60°$，因此 $d_0 = 0.577P$。为了使用方便，按这个公式计算出各种不同螺距对应的量针最佳直径，列于表 1 - 8 - 1 供参考。

表 1 - 8 - 1　测量公制螺纹时量针最佳直径 d_0　　　　　　　mm

公称螺距 P	0.5	0.75	1	1.5	2	2.5	3	3.5
量针直径 d_0	0.291	0.443	0.572	0.866	1.157	1.441	1.732	2.020

五、实验步骤

本实验采用杠杆千分尺测量公制螺纹塞规，量仪外形如图 1 - 8 - 2 所示。实验步骤如下：

（1）根据被测塞规的公称螺距，从表 1 - 8 - 1 中查取量针最佳直径。把杠杆千分尺和三根最佳直径的量针分别装在尺座和挂架上，校正量仪零位。

（2）把三根量针分别放入被测螺纹直径两边的沟槽中。在被测螺纹圆周均布的三个轴向截面内互相垂直的两个方向测量针距尺寸 M，从杠杆千分尺上的刻度套筒、微分筒和指示表上读出尺寸 M 的数值。

（3）计算螺纹单一中径 d_2 的数值。按被测工件图样或公差手册上查取中径极限偏差，判断其合格性。

本实验也可以用外径千分尺测量，其方法与杠杆千分尺测量相同。

六、实验报告要求

（1）数据处理一定要将过程写出来；

（2）计算公式中的 $d_{0最佳}$，由于实际测量时用的是三针的代用品，此时应将 d 符号右下角的"最佳"二字去掉，其计算值也不能代入从表 1 - 8 - 1 中查出的量针直径，而应代入实际代用品的直径平均值；

（3）每一个测量出的 M 值均应求出实际螺纹中径；

（4）注意报告表中的单位；

（5）螺纹合格性的条件应为：所测得的螺纹实际中径均应在两极限中径范围内。

七、实验注意事项

（1）测量时，由一个人操作，不可多人同时操作；

（2）由于量针使用的是代用品，所以测量螺纹前应先测量三个量针代用品的直径，然后将三个直径求其平均值代入公式计算；

（3）螺纹直径一边的单颗针一定要在螺纹直径另一边的两颗针的正对面，不可错开；

（4）测量读数时，一定要注意分度值。

八、思考题

（1）把杠杆千分尺用于比较测量，能否提高测量精度？

（2）螺纹止规的螺纹圈数只有 2~3 圈，无法安装三根量针测量。在这种情况下，如何运用本实验的测量原理来测量螺纹单一中径？

（3）影像法与三针法测量螺纹中径各有何优缺点？

实验九　用螺纹千分尺测量外螺纹中径

一、实验目的

（1）巩固课堂理论知识：螺纹标记、螺纹中径的计算、合格性的判定原则等；

（2）练习查螺纹公差表格，区别螺纹公差表格与普通尺寸公差表格；

（3）学会螺纹千分尺、常规测量工具及其附件的使用方法；区别螺纹千分尺与普通外径千分尺的结构及使用方法。

二、实验内容

（1）用螺纹千分尺测量外螺纹中径；

（2）查阅公差表格；

（3）维护和保养需要防锈的物品。

三、实验仪器、设备及材料

（1）螺纹千分尺、被测工件；

（2）汽油、脱脂棉等；

（3）学生自备记录纸、笔、三角板，带上与查表有关的书籍。

四、实验原理

螺纹千分尺的另一个名字叫螺纹百分尺，其构造与外径千分尺相似，差别仅仅在于两个测量头的形状。另外，螺纹千分尺的测量头使用的是插入式。螺纹千分尺的测量头做成和螺纹牙型相吻合的形状，即一个 V 形测量头，与螺纹牙型凸起部分相吻合；另一个为圆锥形测量头，与螺纹牙型沟槽相吻合，如图 1 - 9 - 1 所示。

这种螺纹千分尺有一套可换测量头，每对测量头只能用来测量一定螺距范围的螺纹。

用螺纹千分尺测量外螺纹中径时，读得的数值是螺纹中径的实际尺寸，它不包括螺距误差和牙型半角误差在中径上的当量值。但是螺纹千分尺的测量头是根据牙型角和螺距的标准尺寸制造的，当被测量的外螺纹存在螺距和牙型半角误差时，测量头与被测量的外螺纹不能很好地吻合，所以测出的螺纹中径的实际尺寸误差相当显著，一般误差在 0.05 ~ 0.20mm。因此，螺纹千分尺只能用于工序间测量或对粗糙的螺纹工件测量，而不能用来测量螺纹切削工具和螺纹量具。

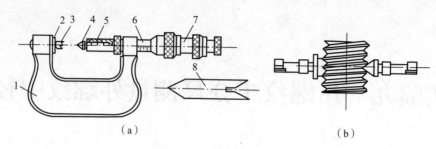

（a）   （b）

图 1 – 9 – 1　螺纹千分尺

1—弓架；2—架砧；3—V 形测量头；4—圆锥形测量头；

5—主测量杆；6—内套筒；7—外套筒；8—校对样板

五、实验步骤

（1）将被测工件清洗干净并擦干；

（2）根据被测工件的螺距选择合适的测头，并将测头装在两量砧内；

（3）调整螺纹千分尺的零位；

（4）在被测螺纹的三个轴截面内，每个截面间隔90°测两次；

（5）复查螺纹千分尺零位，误差不能超过 ±0.005mm；

（6）按被测工件图样或公差手册查取中径极限偏差，判断其合格性。

六、实验报告要求

（1）数据处理一定要将过程写出来；

（2）注意报告表中的单位；

（3）螺纹合格性的条件应为：所测得的螺纹实际中径均应在两极限中径范围内。

七、实验注意事项

（1）测量时，由一个人操作，不可多人同时操作；

（2）安装螺纹测头时一定要注意：锥形测头安装在活动量砧上，V 形测头安装在固定量砧上，不能装反了；

（3）测量时，两量砧连线一定要与工件轴线垂直，且找到最大直径处才能读数；

（4）测量读数时，一定要注意分度值。

八、思考题

（1）同样是测量螺纹中径，三针法测量与用螺纹千分尺测量，哪种测量方法的测量精度高？

（2）能否用螺纹千分尺测量精密螺纹？为什么？

实验十 齿轮齿圈径向跳动的测量

一、实验目的

(1) 巩固课堂理论知识并加深理解跳动公差、跳动量的概念，跳动的定义及测量方法，合格性的判定原则等；

(2) 巩固百分表与表座结合、常规测量工具及其附件的使用方法；

(3) 明确齿轮齿圈径向跳动的产生原因，学会检查测量数据的正确性。

二、实验内容

(1) 用百分表结合表座、偏摆检查仪测量齿轮轴齿圈径向跳动；

(2) 查阅公差表格；

(3) 维护保养需要防锈的物品。

三、实验仪器、设备及材料

(1) 被测工件、百分表、表座、偏摆检查仪、小圆棒；

(2) 汽油、脱脂棉等；

(3) 学生自备记录纸、笔、三角板，带上与查表有关的书籍。

四、实验原理

齿圈径向跳动 ΔF_r 是在齿轮一转范围内，测头在齿槽内与齿高中部双面接触，测头相对于齿轮轴线的最大变动量。测头的形式有球形、锥形等，不论使用何种形状的测头，其大小应与被测齿轮的模数相协调，以保证测头在齿高中部与齿轮双面接触。

ΔF_r 可用齿圈径向跳动检查仪、万能测齿仪、普通的跳动仪或偏摆检查仪测量。本实验采用偏摆检查仪，其外形如图 1-10-1 所示。被测件是齿轮轴，轴心线即为齿轮的基准轴线，测量时，将齿轮轴安装于偏摆仪两顶尖之间，小圆棒（不用测头，圆棒直径 $d = 1.68 \times m$）放在齿槽内，然后用指示表逐齿测量小圆棒相对于齿轮基准轴线的变动量。

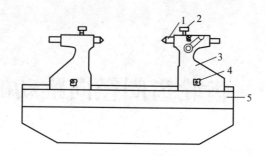

图 1 – 10 – 1　偏摆检查仪

1—顶尖；2，4—锁紧螺钉；3—顶尖架；5—底座

五、实验步骤

（1）将工件和偏摆检查仪清洗干净并擦干，把被测工件齿轮轴牢牢地顶在偏摆检查仪的两顶尖之间，使工件无轴向窜动且能转动自如；

（2）将百分表放入磁力表座中夹紧，磁力表座前后两导磁面同时放在偏摆检查仪导轨上，打开磁路开关，使表座固定在偏摆仪上面，并将小圆棒放进齿轮上方一个齿槽中；

（3）调整量仪零位：调整表架，使百分表头位于齿轮齿宽中部，并使测杆垂直于齿轮轴线；测头与小圆棒接触并使百分表指针压缩半圈左右，来回转动齿轮轴，找出百分表最大读数位置（即指针转折点），转动表盘，将圆周刻度尺的零刻线转到指针所在的上述位置上，并校对几次；

（4）测量：转动齿轮轴，将小圆棒换入另一齿槽，来回轻轻转动齿轮轴，找出百分表指针相对零刻线所指的最大数值的位置，读出该位置上的示值并记下，这样逐齿测量所有的轮齿，从所有示值中找出最大示值和最小示值，它们的差值即为齿圈径向跳动 ΔF_r；

（5）复查零位，其误差不能超过 $\pm 3 \mu m$；

（6）按图样要求判定工件的合格性。

六、实验报告要求

（1）数据记录一定要注意报告表中的单位要求；

（2）记录的数据个数一定要比实际数据多一个（即复查零位的数据也需记下，以便批改实验报告时检查）。

七、实验注意事项

（1）调整百分表位置时，一定要注意百分表测头与小圆棒接触并压下 0.5 ~ 1 圈，但不能使百分表测头低于齿轮顶圆轮廓；

（2）测量中，来回转动工件找出最高点读数时，转动工件的速度不能太快；

（3）测量读出一个数据，在测量下一个数据前，需将小圆棒换到相邻齿槽内，这时注意，一定要将百分表测头位置让开才能操作。

八、思考题

（1）齿圈径向跳动 ΔF_r 是由什么加工因素产生的？测量 ΔF_r 的目的是什么？可以用什么评定指标代替 ΔF_r？

（2）齿圈径向跳动与光滑圆柱径向圆跳动的区别是什么？

实验十一　齿轮公法线长度变动和平均长度偏差的测量

一、实验目的

（1）巩固课堂理论并加深理解公称公法线、公法线长度变动和公法线平均长度偏差的基本概念，尤其是公法线长度变动与公法线平均长度偏差这两个指标的异同；

（2）学会公法线千分尺的使用方法，正确区分公法线千分尺与普通外径千分尺的结构；

（3）搞清楚公法线长度误差产生的原因，学会检查测量数据的有效性。

二、实验内容

（1）练习查阅公差表格，用公式计算公法线公称长度和公法线平均长度极限偏差；

（2）用公法线千分尺测量公法线长度；

（3）维护保养需要防锈的物品。

三、实验仪器、设备及材料

（1）公法线千分尺、被测工件；

（2）汽油、脱脂棉等；

（3）学生自备记录纸、笔、三角板，带上与查表有关的书籍。

四、实验原理

公法线长度变动 ΔF_w 是指齿轮一周范围内，实际公法线长度的最大值与最小值之差。公法线平均长度偏差 ΔE_{wm} 是指齿轮一周范围内，公法线长度平均值与公称值之差。本实验采用公法线千分尺或公法线指示规来测量公法线长度。

公法线千分尺的外形如图 1-11-1 所示。它与普通千分尺所不同的仅仅是量砧制成碟形，以便于伸进齿间进行测量，其余结构、使用方法和读数方法与普通千分尺相同。

图 1-11-2 所示为公法线指示规的结构图。量仪的弹性开口销 2 的孔比圆柱 1 稍小，将专用扳手 9 取下插入销 2 的开口槽中并旋转一定角度，可使销 2 沿圆柱 1 移动。用组成公法线长度公称值的量块调整活动量脚 4 与固定量脚 3 之间的距离，同时移动指示表 6 的表盘

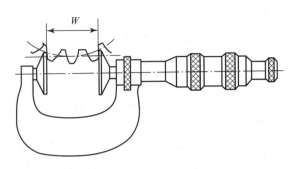

图 1 – 11 – 1　公法线千分尺

使它的指针对准零刻线。然后用比较法测量齿轮各条公法线的长度，测量时应轻轻摆动量仪，按指针转动的转折点（最小值）进行读数。

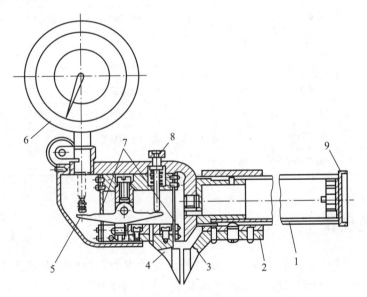

图 1 – 11 – 2　公法线指示规结构图

1—圆柱；2—开口销；3—固定量脚；4—活动量脚；5—比例杠杆；

6—指示表；7—片簧；8—按钮；9—扳手

测量公法线长度时的跨齿数 n 和它的公称值 W_0 分别按下列公式计算（对标准齿轮而言）：

（1）压力角 $\alpha = 20°$，变位系数 $x = 0$，则：

$$n = Z \div 9 + 0.5$$

$$W_0 = m\left[2.952 \times (n - 1) + 0.014Z\right]$$

（2）压力角 $\alpha = 20°$，变位系数 $x = 0$，则：

$$n = Z \div 9 + 0.5$$

$$W_0 = m\cos\alpha\left[\pi \times (n - 0.5) + Z\text{inv}\alpha\right] + 2xm\sin\alpha$$

式中，m——模数；

　　　Z——齿数；

　　　x——变位系数；

invα——渐进线函数。

说明：n 必须为整数，取成最接近计算值的整数。

为了使用方便，对于 $\alpha = 20°$、$m = 1\text{mm}$ 的标准直齿圆柱齿轮，按上述公式计算出跨齿数 n 和公法线长度公称值 W，列于表 1 – 11 – 1 中。

表 1 – 11 – 1　$\alpha = 20°$、$m = 1\text{mm}$ 的标准直齿圆柱齿轮的公法线长度公称值

Z	n	W_0	Z	n	W_0	Z	n	W_0
17	2	4. 666 3	28		10. 724 6	39		13. 830 8
18		7. 632 4	29		10. 738 6	40		13. 844 8
19		7. 646 4	30		10. 752 6	41		13. 858 8
20		7. 660 4	31	4	10. 766 6	42	5	13. 872 8
21		7. 674 4	32		10. 780 6	43		13. 886 8
22	3	7. 688 4	33		10. 794 6	44		13. 900 8
23		7. 702 4	34		10. 808 6	45		16. 867 0
24		7. 716 5	35		10. 822 6	46		16. 881 0
25		7. 730 5	36		13. 788 8	47	6	16. 895 0
26		7. 744 5	37	5	13. 802 8	48		16. 909 0
27	4	10. 710 6	38		13. 816 8	49		16. 923 0

五、实验步骤

（1）将被测工件清洗干净并擦干，按被测齿轮的模数、齿数、基准齿廓角（压力角）等参数计算跨齿数和公法线长度公称值（或从表 1 – 11 – 1 中查取），若被测齿轮齿数超过表 1 – 11 – 1 所列，则应计算公法线平均长度极限偏差。

（2）测量：

①用公法线指示卡规测量：按公法线公称长度尺寸选取量块，调整量仪零位，然后逐齿测量或在圆周上均布测量 6 ~ 10 条公法线长度，从指示表上读取示值（该读数值是本次测量的公法线长度相对于公法线公称长度的实际偏差值），其中最大值与最小值之差为公法线长度变动 ΔF_w，这些示值的平均值为公法线平均长度偏差 ΔE_{wm}；测量后，应校对量仪零位，误差不得超过半刻度，即 $\pm 0.5\mu\text{m}$，否则重测。

②用公法线千分尺测量：调整千分尺零位（或确定其定值系统误差），然后逐齿测量或在圆周上均布测量 6 ~ 10 条公法线长度，读出其每条公法线长度绝对值，其中最大值与最小值之差为公法线长度变动 ΔF_w，所有公法线长度的平均值与其公称值之差即为公法线平均长度偏差 ΔE_{wm}。

（3）按照工件的图样要求判定工件的合格性，即：ΔF_w 应在公法线长度变动公差 F_w 范围内、ΔE_{wm} 应在公法线平均长度上偏差 E_{wms} 与下偏差 E_{wmi} 范围内，齿轮才合格，两个指标中若有一个指标不合格，则该工件不合格。

六、实验报告要求

（1）数据处理过程应详细表达出来；

（2）先将两个被测指标分别判定合格性，然后在测量结果一栏中填写合格性结论，并说明合格性理由；

（3）注意表格中的单位。

七、实验注意事项

（1）无论采用哪种量具（仪）测量公法线长度，均不能将量脚（或量砧）伸到齿根部测量，而应在齿高中部测量。

（2）测量部位的选择：

①齿高方向：齿高中部；

②齿宽方向：齿宽中部；

③圆周方向：逐齿测量或圆周上均布。

（3）注意：仪器的分度值。

八、思考题

（1）与测量齿厚相比较，测量公法线长度有何优点？

（2）测量公法线长度变动 ΔF_w 能否代替测量齿距累积误差 ΔF_p？为什么？

实验十二　齿轮齿厚偏差的测量

一、实验目的

（1）巩固课堂理论知识并加深理解齿厚、弧齿厚、弦齿厚、齿厚偏差的定义，以及合格性的判定原则等；

（2）学会齿厚游标卡尺、常规测量工具及其附件的使用方法；

（3）重点明确齿厚偏差合格性条件的定制理由。

二、实验内容

（1）用齿厚游标卡尺测量工件的实际齿厚；

（2）练习查阅公差表格；

（3）维护和保养需要防锈的物品。

三、实验仪器、设备及材料

（1）齿厚游标卡尺、被测工件；

（2）汽油、脱脂棉等；

（3）学生自备记录纸、笔、三角板，带上与查表有关的书籍。

四、实验原理

齿厚偏差是指分度圆柱面上，齿厚实际值与公称值之差。对于斜齿轮，是指法向齿厚。标准规定，允许在齿高中部测量，但仍在分度圆上计值。

齿厚是指分度圆上的弧齿厚，如图 1 - 12 - 1 所示。由于它不易测量，所以一般代之以测量分度圆上的弦齿厚，即如图 1 - 12 - 1 中 S 所示。

测量齿厚常用齿厚游标卡尺和齿厚光学卡尺。齿厚游标卡尺如图 1 - 12 - 2 所示。它由互相垂直的两个游标尺组成，测量时首先将齿厚游标卡尺上的高度游标卡尺按测量齿轮的分度圆弦齿高 $\bar{h}$ 调整，调好后紧固该尺，然后再将高度尺 1 的工作面与轮齿的齿顶接触，移动宽度游标卡尺 2 至两量脚与被测齿轮的齿面接触为止，这样能保证两量脚在齿面的分度圆处与 A、B 两点接触。这时，在宽度游标卡尺上的读数便是分度圆弦齿厚的实际值，将该值减去公称弦齿厚，即为齿厚的实际偏差。齿厚游标卡尺的读数方法与游标卡尺相同。

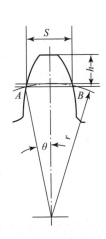

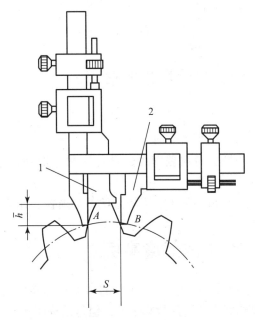

图 1 – 12 – 1　齿厚的实际定义　　　　　　图 1 – 12 – 2　齿厚游标卡尺

1—高度尺；2—宽度游标卡尺

必须注意，在上述齿厚测量中，因采用齿顶圆作为测量定位基准，因而齿顶圆的直径误差和径向跳动对测量结果均有影响，且两种齿厚卡尺的量脚与齿面仅在脚尖处接触，使得脚尖容易磨损。所以，上述方法仅适用于较低精度的齿轮。

分度圆弦齿高与分度圆弦齿厚的计算：

（1）标准直齿圆柱齿轮：令模数为 m，齿数为 Z，则

$$\bar{h} = m\left[1 + \frac{Z}{2}\left(1 - \cos\frac{90°}{Z}\right)\right], \quad \bar{s} = mZ\sin\frac{90°}{Z}$$

（2）变位直齿圆柱齿轮，令其模数为 m，齿数为 Z，变位系数为 x，则

$$\bar{h} = m + \frac{Z}{m}\left[1 - \cos\left(\frac{x + 4\tan\alpha}{2Z}\right)\right], \quad \bar{s} = mZ\sin\left(\frac{x + 4\tan\alpha}{2Z}\right)$$

式中，α ——基准齿廓角（压力角）。

五、实验步骤

（1）先将被测齿轮清洗干净并擦干，用外径千分尺测量齿轮顶圆的实际直径，计算顶圆公称半径 r_a 和实际半径 r_a'；

（2）计算分度圆弦齿高 $\bar{h}$ 和弦齿厚 $\bar{s}$（或从表中查取），按 $[\bar{h} - (r_a - r_a')]$ 的数值调整齿厚卡尺的垂直游标卡尺，然后加以固定；

（3）将齿厚卡尺置于被测齿轮上，使垂直游标卡尺的高度尺与齿顶可靠地接触，然后移动水平游标卡尺的量脚，使之与齿面接触，从水平游标卡尺上读出弦齿厚的实际尺寸，应在齿圈上每隔 90° 或 45° 测一个轮齿的齿厚，被测齿轮齿厚的实际偏差 ΔE_s 应分别取测量值

中的最大和最小偏差，它们均应在齿厚上偏差 E_{ss} 与下偏差 E_{si} 范围内；

（4）按图样要求判定工件的合格性。

六、实验报告要求

（1）实际测量应当有 8 个数据，即在齿圈上每隔 45°测一个轮齿齿厚；

（2）处理数据时，无须每一个测量出的数据都去计算齿厚偏差值，只须计算测量值中最大和最小的偏差即可，只有这两个值在齿厚上、下偏差范围内，该工件的齿厚指标才合格；

（3）齿厚的上、下极限偏差必须查表计算。

七、实验注意事项

（1）测量时，齿厚卡尺的高度尺与零位是无法对齐的，因为由原理可知，齿厚卡尺高度尺的底边应与两量脚平齐，但是结构所致，无法对齐，所以高度尺底边与两量脚的连线距离是多少，其零线就错开多少，这是齿厚卡尺生产厂家出厂前调好了的，无须使用者去调零；

（2）齿厚卡尺的高度尺是否与轮齿的齿顶可靠接触，应当对光检查；

（3）读数时注意：按照游标的读数原理，必须是副尺上的某一条刻线与主尺上的某一条刻线对齐才能读数，因此，游标类尺子没有估计值，分度值为 0.02mm 的尺子，小数点后第二位数应是 2 的整倍数。

八、思考题

（1）测量齿轮齿厚的目的是什么？可以用什么评定指标代替齿厚偏差？

（2）齿厚偏差合格性的条件是根据什么制定出来的？

实验十三 用自准直仪测直线度

一、实验目的

(1) 加深理解直线度的概念和测量直线度的方法及数据处理；
(2) 巩固课堂理论知识：公差和误差的区别、合格性的判定原则等；
(3) 了解自准直仪的结构组成，理解工作原理，学会其使用方法。

二、实验内容

(1) 调整好自准直仪；
(2) 测量直线度误差；
(3) 练习查阅公差表格；
(4) 维护和保养需要防锈的物品。

三、实验仪器、设备及材料

(1) 自准直仪一台、被测工件；
(2) 汽油、脱脂棉等；
(3) 学生自备记录纸、笔、三角板，带上与查表有关的书籍。

四、实验原理

双向数显测微自准直仪目前属于我国高精度光学仪器，该仪器主要用于小角度的精密测量，如多面棱体的检定；也可测量高精度导轨等精密零件的直线性、平行性、垂直性及相对位置。在精密测量和仪器检定中既可做非接触式定位，又可做自动测量。该仪器具有安装、使用方便等特点，是精密机械、仪器制造及有关科研、计量部门必不可少的检测仪器。

1. 自准直仪的结构组成

双向自准直仪的结构如图 1 - 13 - 1 所示，主机由支架 1 和镜管 2 两大部分构成。

2. 自准直仪的成像原理

图 1 - 13 - 2 所示为自准直仪光学系统，由照明灯泡 6 发出的光线经聚光镜 5、滤光片 4 投射到半反射镜 3，再经半反射镜 3 反射后照明到物镜 1，然后聚焦于拉丝分划板 2 上，为

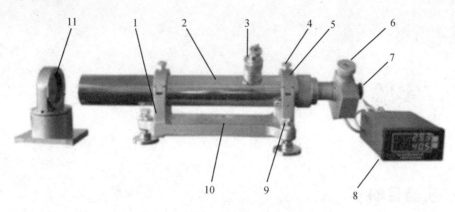

图 1 – 13 – 1　双向自准直仪的结构

1—支架；2—镜管；3—照明光源组件；4—销钉；5—压环；6—测微鼓；7—测微目镜；
8—光栅数显表；9—调平螺钉；10—水泡；11—反射镜

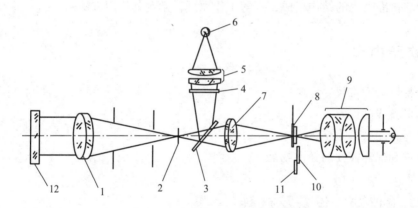

图 1 – 13 – 2　自准直仪光学系统

1—物镜；2—分划板；3—半反射镜；4—滤光片；5—聚光镜；6—照明灯泡；
7—显微镜；8—指示光栅；9—目镜；10—标尺光栅；11—双夹线；12—平面反射镜

此分划板 2 经物镜成像在无限远处。如果物镜前放置一个平面反射镜 12，则光线经反射镜 12 反射后重新进入物镜 1 并成像于分划板 2 上，成自准像。经半反射镜 3 透射后由显微镜 7 放大并成像在目镜 9 的前焦面上，人眼通过目镜即可观察到拉丝分划板以及它的自准像。当测微鼓转动，分划板双夹线 11 和标尺光栅 10 相对于指示光栅平行移动时，通过光电转换最后由光栅数显表显示其位移量。

3. 测量原理

用双向自准直仪测量时，是逐段测量实际线各段的斜率变化。仪器主体固定在被测件外，而将反射镜安装在跨距适当的基板上，然后在被测表面上依次移动基板，读取反射镜倾角变化的数值，再经过数据处理，可以得到直线度误差，如图 1 – 13 – 3 所示。

4. 测量

（1）调整好自准直仪后，测量时，反射镜应尽量放在离主体最近位置 0 处，转动测微鼓使双夹线夹住反射镜的自准像，光栅数显表置"0"，然后将反射镜依次由近到远移动一个跨距 L 并首尾衔接，1，2，…，5 段，等等，逐点进行测量读数。然后将反射镜返回移动，重新在各个位置上读数，反射镜返回移动的位置应与前者一致，取两次读数的平均值作

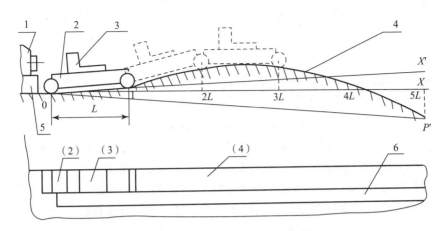

图 1 - 13 - 3 水平面直线度的测量

1—主体；2—反射镜基座；3—反射镜；4—被测表面；5—垫块；6—挡板

为该次测量结果。所测的全部读数见表 1 - 13 - 1。

表 1 - 13 - 1 测量结果

测点	0	1	2	3	4	5
顺测读数/(″)	0	0.4	1.3	1.5	0.8	1.2
回测读数/(″)	0	0.5	1.2	1.7	1.0	1.4
平均值/(″)	0	0.45	1.25	1.6	0.9	1.3
累积值/(″)	0	0.45	1.7	3.3	4.2	5.5

（2）作图法。

作图法就是利用所测得的数值在坐标纸上作图：横坐标表示分段距离，纵坐标表示读数累积值，将各坐标点连接，即可画出被测导轨近似轮廓线，然后按最小条件，作一组平行直线包容该轮廓线，得两平行直线间的纵坐标值 α（″）。

（3）数据处理。

$$直线度误差 = \alpha \times L / 206\,265\ （mm）$$

式中，α——纵坐标值；

　　　L——跨距。

五、实验步骤

（1）将自准直仪沿导轨的长度方向固定在靠近被测导轨一端，反射镜安放在被测导轨上。

（2）接通电源，调整目镜焦距，使视场中的双夹线清晰。

（3）微调支架三个调平螺钉，并在左右方向微微移动反射镜，使从反射镜反射回来的自准像大致移到视场中央位置，并且当在导轨始、末两端位置上前后移动反射镜时，都能看到反射回来的自准像。

（4）完成上述操作，调整好自准直仪后，将反射镜置于离自准直仪最近的一端 0 处，转动测微鼓轮，使水平双夹线夹住反射回来的水平自准像，光栅数显表置 "0"，记录 0 处读数。

（5）将反射镜沿导轨方向移动一个跨距 L，转动测微鼓轮，使水平双夹线再次夹住反射回来的水平自准像，记录下光栅数显表上的读数。然后再移动一个跨距 L，重复上述操作，依次记下各次读数，移动时要首尾相接，且移动轨迹尽量为一直线。

（6）为减少测量中各种误差因素，对以上的测量再进行回测，并记下读数，取同一位置两次读数的平均值作为测量结果，若两次读数相差太大，则重测。

（7）以测点 0 为基准，算出各测点的累积值，以适当的比例按表中的累积值画出误差曲线，用作图法按最小包容区域法评定直线度误差，按被测工件图样或在公差手册上查取直线度公差值，判断其合格性。

六、实验报告要求

（1）测量数据记录一定要按照测量位置对号入座，不可随意填写；

（2）一定要将数据处理过程写出来；

（3）注意数据的单位。

七、实验注意事项

（1）仪器及被测量零件应放在较稳定的工作台上。工作环境应力求温度恒定，被测件与仪器中间不得有抖动的气流，如通风口、暖气片、电烙铁、台灯、人体温度等，应尽量避免其影响。

（2）观察表面镀反射膜的反射镜自准像应选择小功率灯泡，观察表面未镀反射膜的光学零件（如平行平板、棱镜等）的自准像则应选择功率大的灯泡，该仪器可使用 6V、5W 以下的小灯泡。

（3）测量中，最好在反射镜基座侧面位置挡板，使基座始终紧靠挡板移动，有利于提高测量精度。

（4）如主体放在被测表面的一端，完成一个测量之后，应将主体放在另一端，重测一次，以得到被测表面在整个长度上的平直度误差。

八、维护保养

（1）该仪器为精密光学仪器，应该由专人保管。使用者应了解仪器的原理、性能及使用方法。使用和存放应十分小心，防止碰撞及振动，应保持工作环境的清洁及温度稳定。

（2）仪器出厂时各部分均保证了良好的性能，除可调部分，一般不能随意拆开调整。如发生故障，应由有经验的人检修或送回制造厂家检修。

（3）镜头及目镜的外露玻璃部分切忌手摸，应尽量少擦。如有灰尘可用软毛刷轻轻扫掉；如有印迹可用脱脂棉或镜头纸蘸少量的酒精加乙醚混合剂（1:8），轻轻擦拭以保持光学表面的清洁。

（4）镜管及其他外露表面可用溶剂汽油清擦干净。仪器使用后应盖上护盖，若长时间不用，应装入箱内并放平于干燥、温度适当之处进行保管。

九、思考题

（1）用自准直仪检测直线度误差的测量原理。

（2）怎么减少用自准直仪测直线度过程中产生的各种误差的影响？

实验十四　用万能工具显微镜测螺纹螺距、牙型半角

一、实验目的

（1）加深理解螺纹参数的有关知识；

（2）了解万能工具显微镜的结构组成和工作原理，学会其使用方法。

二、实验内容

（1）调整好万能工具显微镜；

（2）测量螺距误差、牙型半角误差；

（3）维护和保养需要防锈的物品。

三、实验仪器、设备及材料

（1）万能工具显微镜一台、被测工件；

（2）汽油、脱脂棉等；

（3）学生自备记录纸、笔、三角板，带上与查表有关的书籍。

四、实验原理

1. 万能工具显微镜的结构组成

万能工具显微镜的外观如图 1-14-1 所示，仪器的主要部件有底座、纵向和横向导轨、纵向滑板、横向滑架、工作台、纵向和横向读数显微镜、照明灯、主显微镜、可倾斜的立柱、目镜及多种附件等。

2. 工作原理

采用影像法来测量螺纹的螺距和牙型半角时，被测物经过光源和光学系统后成像在主镜头中，它与主镜头视场中的米字线重合作为定位标准，从而完成各种测量任务。

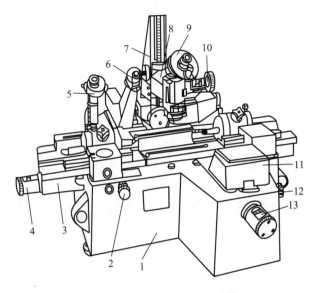

图 1 – 14 – 1　万能工具显微镜

1—基座；2—纵向锁紧手轮；3—工作台纵滑板；4—纵向滑动微调；5—纵向读数显微镜；

6—横向读数显微镜；7—立柱；8—支臂；9—测角目镜；10—立柱倾斜手轮；

11—小平台；12—立柱横向移动及锁紧手轮；13—横向移动微调

五、实验步骤

1. 测量螺距误差

首先调整仪器，调整方法如下：

（1）装上附件顶尖架，使两顶尖的轴心线尽可能与纵向导轨方向一致。

（2）调焦，将定焦杆用顶尖顶紧，移动纵、横向滑板，使定焦杆上的刀口在视场中出现，转动粗调焦手轮并进行微调，直至刀口的像清晰而无像差为止。

（3）按公式 $\beta = 18.25P/d_2$ 确定螺纹升角，根据螺纹升角及升角的方向调整立柱的倾斜角度。

根据以上方法调整好仪器之后，即可进行测量，如图 1 – 14 – 2 所示。

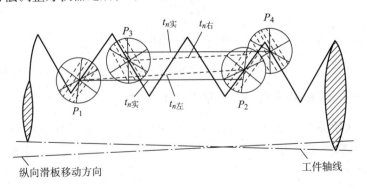

图 1 – 14 – 2　测螺距示意图

测量步骤如下：

（1）装工件，转动纵横工作台手柄，让工件上一边的牙型出现在视场中。

（2）旋转目镜分度盘手轮，使米字镜头中的中心虚线与螺纹的牙廓一侧（如左侧）相切合（用压线法）。在纵向读取的数据中记下第一次读数 P_1。

（3）转动纵向手轮，使工作台纵向移动，并使目镜中同一虚线与工件另一牙型的同侧牙廓相重合（记下跨过了几个螺牙，记为 n），在纵向读取的数据中记下第二个读数 P_2。

（4）同样的方法测出上面被测两牙型的另一侧面（右侧）的两个读数 P_3、P_4。

（5）根据所测读数值，由公式：

$$P_{n左} = |左侧第一次读数 P_1 - 左侧第二次读数 P_2|$$

$$P_{n右} = |右侧第一次读数 P_3 - 右侧第二次读数 P_4|$$

$$P_n = \frac{P_{n左} + P_{n右}}{2}$$

$$\Delta P_{n\Sigma} = P_n - nP$$

进行计算，并由公式

$$f_P = 1.732 |\Delta P_{n\Sigma}|$$

计算出螺距误差对作用中径的影响。

2. 牙型半角误差的测量

如图 1-14-3 所示，测量牙型半角误差时，仪器调整与上相同，测量步骤如下：

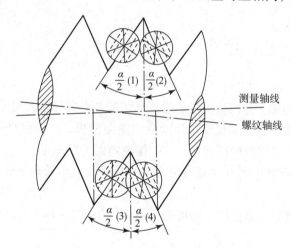

图 1-14-3 测牙型半角示意图

（1）调整好仪器之后，让米字线的中心虚线与牙型轮廓的左、右边缘相靠（采用对线法），从角度目镜中分别读出角度值，记作 $\frac{\alpha}{2}(1)$、$\frac{\alpha}{2}(2)$。

（2）将立柱向相反方向倾斜一个螺纹升角，纵向手轮不动，让其横向移动，使螺纹另一边的牙型出现在视场中。用中心虚线分别与牙型槽两边的牙廓相靠，从角度目镜中读得两个角度值，记作 $\frac{\alpha}{2}(3)$、$\frac{\alpha}{2}(4)$。

（3）数据处理如下：

根据以下式子求出 $\dfrac{\alpha}{2}(左)$、$\dfrac{\alpha}{2}(右)$：

$$\frac{\alpha}{2}(左) = \frac{\dfrac{\alpha}{2}(1) + \dfrac{\alpha}{2}(4)}{2}$$

$$\frac{\alpha}{2}(右) = \frac{\dfrac{\alpha}{2}(2) + \dfrac{\alpha}{2}(3)}{2}$$

再和名义值 $\dfrac{\alpha}{2}$ 相减，就可求得半角偏差 $\Delta\dfrac{\alpha}{2}(左)$ 和 $\Delta\dfrac{\alpha}{2}(右)$，然后取其绝对值得算术平均值，就可得到螺纹的半角偏差，如下：

$$\Delta\frac{\alpha}{2} = \frac{\left|\Delta\dfrac{\alpha}{2}(左)\right| + \left|\Delta\dfrac{\alpha}{2}(右)\right|}{2}$$

根据上述公式，计算出牙型半角对作用中径的影响。

六、实验报告要求

（1）测量数据记录一定要按照测量位置对号入座，不可随意填写。

（2）一定要将数据处理过程写出来。

（3）注意数据的单位。

七、实验注意事项

（1）用影像法测量时，必须根据被测螺纹尺按仪器说明书所列光圈表，选择最佳光栏尺寸，否则将会因照明光束的斜平行光和光的衍射现象，使被测工件影像或大或小而产生较大的测量误差。

（2）测量前弄清楚仪器的分度值。

（3）操作完后要记得清洗和维护好精密仪器。

八、思考题

（1）用影像法测量螺纹螺距，如何消除螺纹定位时被测件轴线和横向导轨不垂直所产生的误差？

（2）简述用影像法测量外螺纹牙型半角的步骤和数据处理。

实验十五 用全自动影像仪测 复杂零件几何参数

一、实验目的

（1）加深理解分析工件的精度要求；

（2）巩固课堂理论知识：公差和误差的区别、合格性的判定原则等；

（3）了解影像测量仪的结构组成和工作原理，学会操作测量软件及其使用方法。

二、实验内容

（1）调整好影像测量仪；

（2）测量工件各尺寸和形位误差值；

（3）练习查阅公差表格；

（4）维护和保养需要防锈的物品。

三、实验仪器、设备及材料

（1）影像测量仪一台、被测工件；

（2）汽油、脱脂棉等；

（3）学生自备记录纸、笔、三角板，带上与查表有关的书籍。

四、实验原理

1. 影像测量仪的结构组成

影像测量仪是一种由高解析度 CCD 彩色摄像器、连续变倍物镜、彩色显示器、视频十字线发生器、精密光学尺、多功能数据处理器、2D 数据测量软件与高精密工作台组成的高精度光学影像测量仪器，如图 1 – 15 – 1 所示。

2. 测量原理

影像测量仪是利用表面光或轮廓光照明后，经变焦距物镜通过摄像镜头把摄取影像传送到电脑屏幕上，然后以十字线发生器在显示器上产生的视频十字线为基准，对被测物进行瞄准测量，并通过工作台带动光学尺在 X、Y 方向上移动，由多功能数据处理器进行数据处理，通过软件进行计算完成测量。

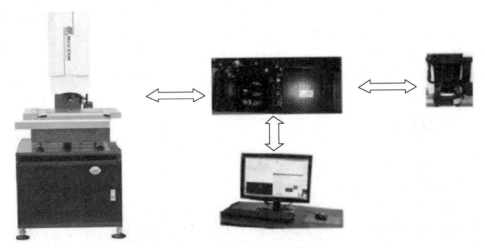

图 1 – 15 – 1　影像测量仪

3. 测量

（1）开机后，打开 EP8000 软件，把光学玻璃摆正，"影像视窗"区的十字中心线分别与光学玻璃 X、Y 向的线平行。

（2）调节镜头到需要测量的倍率（一般 2 倍倍率），并调节 Z 轴焦距到最清晰状态。

（3）选择"测量倍率提示区"所要储存的位置（S00 ~ S11）。

（4）选择"设置参数"——输入密码"168988"——画面比例尺——自动圆设置绘图画面比例尺 2。

（5）移动 XY 工作台，使影像规则圆框住"影像窗口"左下角在闪烁的红色圆，并按回车键确定，如图 1 – 15 – 2 所示。

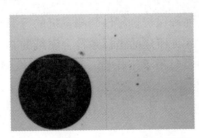

图 1 – 15 – 2　框住左下角的红色圆

（6）移动工作台，用步骤（5）的规则圆分别框住影像右侧、右上侧闪烁的红色圆，并分别按回车键确定，如图 1 – 15 – 3 所示，完成倍率校正。

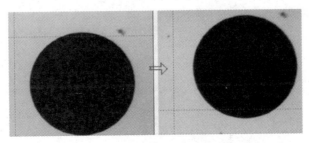

图 1 – 15 – 3　框住右侧、右上侧的红色圆

（7）测量工件。调整好光源——选择"地图导航"——新建——把工件放在视窗中间——框选地图区域（尽量最大范围框选，否则图片变形）——切换主画面——在静画面上找到要测部位——按鼠标中键，设备就对准了已选部位——鼠标左键点选"工具栏2"中对应选项，最后按鼠标右键画出已选部位图形——选择"标注"得到测量结果。

五、实验步骤

（1）校正倍率后，测量工件；

（2）记录数据；

（3）数据分析；

（4）按被测工件图样或在公差手册上查取公差值，判断该工件的合格性。

六、实验报告要求

（1）测量数据的记录一定要按照测量位置对号入座，不可随意填写；

（2）一定要将数据处理过程写出来；

（3）注意数据的单位。

七、实验注意事项

（1）工件吊装前，要将探针退回原点，为吊装位置预留较大的空间；工件吊装要平稳，不可撞击影像测量仪任何构件。

（2）正确安装零件，安装前确保符合零件与测量机的等温要求。

（3）建立正确的坐标系，保证所建的坐标系符合图纸的要求，才能确保所测数据准确。

（4）测量结束后应将工件及时吊下工作台，以避免影像测量仪工作台长时间处于承载状态。

八、思考题

（1）测量仪器的启动操作流程是什么？

（2）光源如何调节使用？

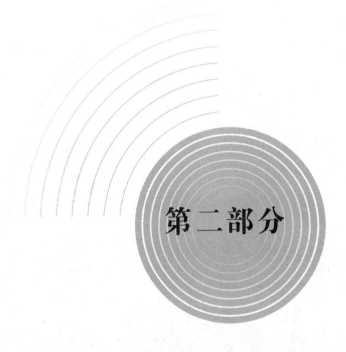

第二部分

实验报告册

实验一　量块的清洗、研合、组合与维护

实验报告

实验名称				日期	
班级		姓名	学号	成绩	

一、实验目的和要求

二、实验仪器、设备与材料

三、实验原理

四、实验步骤

五、报告表

1. 组合尺寸：　　　mm。

2. 所选择的量块尺寸：第一块　　mm；第二块　　mm；第三块　　mm；第四块　　mm；第五块　　mm。

3. 叙述你本人对量块的维护和保养过程。

六、思考题

实验二　用内径百分表测量孔径

实验报告

实验名称			日期	
班级		姓名	学号	成绩

一、实验目的和要求

二、实验原理

三、实验步骤

四、思考题

五、报告表

仪器	名称		测量范围/mm	
	分度值/mm		量块组尺寸/mm	
	仪器不确定度值/mm			
被测工件	名称		公称尺寸/mm	
	最大极限尺寸/mm		最小极限尺寸/mm	

测量示意图			

测量记录 /mm	截面 方向	I－I	II－II	III－III
	A－A			
	B－B			

数据处理/mm 〈即：实际尺寸〉	截面 方向	I－I	II－II	III－III
	A－A			
	B－B			
	平均尺寸			

合格性判定	被测尺寸的验收极限尺寸/mm	上验收		下验收	
	结论		理由		

实验三　杠杆比较仪测轴径

实验报告

实验名称				日期	
班级		姓名		学号		成绩	

一、实验目的和要求

二、实验原理

三、实验步骤

四、思考题

五、报告表

仪器	名称		测量范围/mm		分度值/mm	
	仪器不确定度值/mm			量块组尺寸/mm		
被测工件	名称			公称尺寸/mm		
	最大极限尺寸/mm			最小极限尺寸/mm		
测量示意图						

测量记录/mm	截面 / 方向	I－I	II－II	III－III
	$A-A$			
	$B-B$			

数据处理/mm〈即：实际尺寸〉	截面 / 方向	I－I	II－II	III－III
	$A-A$			
	$B-B$			
	平均尺寸			

合格性判定	被测尺寸的验收极限尺寸/mm		最大		最小	
	结论		理由			

实验四　在平台上测工件平面度误差

实验报告

实验名称				日期	
班级		姓名	学号	成绩	

一、实验目的和要求

二、实验原理

三、实验步骤

四、思考题

五、报告表

仪器名称			测量范围/mm		分度值/mm		
被测工件	名称			公差等级			
	公称尺寸/mm			公差值/mm			
测量记录 /mm	测点	读数	测点	读数	测点	读数	
	A_1		B_1		C_1		
	A_2		B_2		C_2		
	A_3		B_3		C_3		
数据处理 /mm							
合格性 判定	平面度误差值/mm						
	结论		理由				

实验五　圆跳动的测量

实验报告

实验名称				日期	
班级		姓名		学号		成绩	

一、实验目的和要求

二、实验原理

三、实验步骤

四、思考题

五、报告表

仪器名称	1.		测量范围/mm		分度值/mm	
	2.		测量范围/mm		分度值/mm	
被测工件	名称					
	1. 公称尺寸/mm		公差等级		公差值/mm	
	2. 公称尺寸/mm		公差等级		公差值/mm	
测量记录 /mm	测量项目	测量径向圆跳动		测量端面圆跳动		
	测量截面	最大读数	最小读数	最大读数	最小读数	
	Ⅰ-Ⅰ					
	Ⅱ-Ⅱ					
	Ⅲ-Ⅲ					
数据处理 /mm	测量截面	径向圆跳动量		端面圆跳动量		
	Ⅰ-Ⅰ					
	Ⅱ-Ⅱ					
	Ⅲ-Ⅲ					
合格性判定	径向圆跳动量/mm			端面圆跳动量/mm		
	结论		理由			

实验六　用万能角度尺测角度

实验报告

实验名称				日期	
班级		姓名	学号	成绩	

一、实验目的和要求

二、实验原理

三、实验步骤

四、思考题

五、报告表

仪器名称			测量范围/(°)			分度值/(′)	
被测工件	名称			公差等级			
	基本参数 L/mm			基本角度/(°)		公差值	
测量记录/(°,′)	测量次数	读数	测量次数	读数	测量次数	读数	
	第一次		第二次		第三次		
	第四次		第五次		第六次		
数据处理/(°,′)							
合格性判定	被测角度平均值/(°,′)						
	极限角度/(°,′)	最大			最小		
	结论		理由				

实验七　用正弦规测量圆锥锥度偏差

实验报告

实验名称						日期	
班级		姓名		学号		成绩	

一、实验目的和要求

二、实验原理

三、实验步骤

四、思考题

五、报告表

仪器	名称		测量范围/mm		分度值/mm	
	名称		圆柱中心距/mm		量块组尺寸/mm	

被测工件	名称		公称圆锥角/(°)		
	极限偏差	上偏差		下偏差	

测量记录 /mm	测量次数	第一次	第二次	第三次	第四次
	a 端读数				
	b 端读数				

数据处理	a 端读数平均值/mm		b 端读数平均值/mm	
	a、b 两测点之间的距离 l/mm			
	圆锥锥度偏差 ΔC:			

合格性判定	圆锥锥度实际偏差	
	结论		理由	

实验八　用三针法测量外螺纹中径

实验报告

实验名称					日期	
班级		姓名		学号	成绩	

一、实验目的和要求

二、实验原理

三、实验步骤

四、思考题

五、报告表

仪器	名称		测量范围/mm		分度值/mm	
	三针代用品平均直径/mm					

被测工件	名称			螺纹标记		
	螺纹中径 d_2/mm					
	极限偏差/mm	上偏差			下偏差	
	最大极限中径/mm			最小极限中径/mm		

测量记录/mm	截面 / 方向	Ⅰ – Ⅰ	Ⅱ – Ⅱ	Ⅲ – Ⅲ
	$A – A$			
	$B – B$			

数据处理/mm	

合格性判定	被测中径平均值/mm	
	结论	理由

实验九　用螺纹千分尺测量外螺纹中径

实验报告

实验名称				日期	
班级		姓名		学号	成绩

一、实验目的和要求

二、实验原理

三、实验步骤

四、思考题

五、报告表

仪器名称		测量范围/mm		分度值/mm	
被测工件	名称		螺纹标记		
	螺纹中径 d_2/mm				
	极限偏差/mm	上偏差		下偏差	
	最大极限中径/mm		最小极限中径/mm		

测量记录 /mm	截面 方向	I - I	II - II	III - III
	$A - A$			
	$B - B$			

数据处理 /mm	

合格性判定	被测中径平均值/mm		
	结论		理由

实验十　齿轮齿圈径向跳动的测量

实验报告

实验名称					日期	
班级		姓名		学号	成绩	

一、实验目的和要求

二、实验原理

三、实验步骤

四、思考题

五、报告表

仪器	名称		测量范围/mm			分度值/mm	
	小圆棒直径/mm						
被测工件	名称		精度等级		齿数 Z		模数 m	
	齿圈径向圆跳动公差/mm						
测量记录	测量次数	1	2	3	4
	指示表示值/mm				
	测量次数	5	6	7	8
	指示表示值/mm				
	测量次数	9	10	11	12
	指示表示值/mm				
	测量次数	13	14	15	16
	指示表示值/mm				
	测量次数	17	18	19	20
	指示表示值/mm				
	测量次数	21	22	23	24
	指示表示值/mm				
	测量次数	25	26	27	28
	指示表示值/mm				
数据处理/mm					
合格性判定	被测齿轮径向圆跳动量/mm				
	结论		理由		

实验十一　齿轮公法线长度变动和平均长度偏差的测量

实验报告

实验名称				日期	
班级		姓名	学号	成绩	

一、实验目的和要求

二、实验原理

三、实验步骤

四、思考题

五、报告表

仪器名称		测量范围/mm			分度值/mm	
被测工件	名称			精度等级		
	公法线长度变动公差/mm					
	公法线平均长度极限偏差/mm		上偏差		下偏差	
测量记录 /mm	测量次数	1	2		3	4
	读数					
	测量次数	5	6		7	8
	读数					
数据处理 /mm						
合格性判定	被测齿轮公法线长度变动量/mm					
	被测齿轮公法线平均长度实际偏差/mm					
	结论		理由			

实验十二　齿轮齿厚偏差的测量

实验报告

实验名称				日期	
班级		姓名	学号	成绩	

一、实验目的和要求

二、实验原理

三、实验步骤

四、思考题

五、报告表

仪器名称			测量范围/mm			分度值/mm	
被测工件	名称			精度等级			
	分度圆弦齿高/mm			分度圆弦齿厚/mm			
	齿轮齿厚极限偏差/mm		上偏差			下偏差	
测量记录 /mm	测量次数	1		2		3	4
	读数						
	测量次数	5		6		7	8
	读数						
数据处理 /mm							
合格性判定	被测齿轮齿厚最大实际偏差/mm						
	被测齿轮齿厚最小实际偏差/mm						
	结论		理由				

实验十三　用自准直仪测直线度

实验报告

一、实验目的和要求

二、实验原理

三、实验步骤

四、思考题

五、报告表

仪器名称			分度值/(")			桥距 L/mm		
被测工件	名称				公差等级			
	基本尺寸/mm				公差值/mm			

测量记录/(")	测点	0	1	2	3	4	5
	顺测读数						
	回测读数						
	平均值						
	累积值						

数据处理	

合格性判定	直线度误差值/mm		
	结论		理由

实验十四　用万能工具显微镜测螺纹螺距、牙型半角

实验报告

一、实验目的和要求

二、实验原理

三、实验步骤

四、思考题

五、报告

1. 螺距

仪器名称			分度值/mm		
被测工件	名称		螺纹标记		
	螺纹中径 d_2/mm		螺旋升角/(°)		
测量记录 /mm	P_1	P_2		P_3	P_4
数据处理					
结果	螺距累积误差 $\Delta P_n \sum$ /mm				
	螺距累积误差的中径当量值 F_p/μm				

2. 牙型半角

仪器名称			分度值/(′)		
被测工件	名称		螺纹标记		
	螺纹中径 d_2/mm		螺旋升角/(°)		
测量记录 /(°,′)	$\frac{\alpha}{2}$ (1)	$\frac{\alpha}{2}$ (2)		$\frac{\alpha}{2}$ (3)	$\frac{\alpha}{2}$ (4)
数据处理					
结果	牙型半角误差 $\Delta\left(\frac{\alpha}{2}\right)$/(′)				
	牙型半角误差的中径当量值 $(F_\alpha/2)$/μm				

实验十五　用全自动影像仪测复杂零件几何参数

实验报告

一、实验目的和要求

二、实验原理

三、实验步骤

四、思考题

五、报告表

仪器名称及型号				分度值/mm			
被测工件	名称			环境温度			
检测项目	上偏差/mm	下偏差/mm	公差/mm	实测值/mm	误差/mm	超差/mm	结论
检测工件示意图							

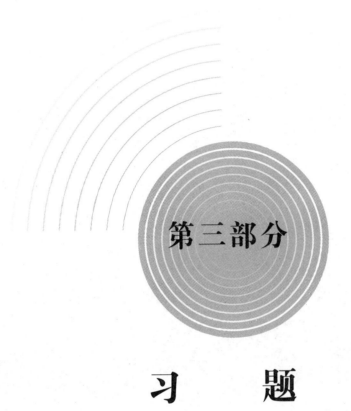

第三部分

习　题

第1章　绪　　论

一、判断题

优先数系列一定是等差级数。　　　　　　　　　　　　　　　　　　　（　　）

二、填空题

1. 15～100W 家用灯泡中的各种灯泡瓦数为 15，25，40，60，100，160，该优先数系属于_____系列。

2. 某机床主轴转速为 50，63，80，100，125，…，单位为 r/min，该优先数系属于_____系列。

三、名词解释

1. 互换性
2. 完全互换
3. 不完全互换

四、综合题

1. 互换性生产对工业生产有何重要意义？
2. 优先数系的含义是什么？

第 2 章　极限与配合基础

一、判断题

1. 极限偏差的数值可以为正、负、零，而公差数值则不能为零。　　　　（　　）

2. $\phi50H7$ 与 $\phi50h7$ 的加工难易程度相同。　　　　（　　）

3. 过渡配合是可能具有间隙或过盈的配合，孔和轴的公差带相互交叠。　　（　　）

4. 按内缩法确定验收极限时，零件的上验收极限尺寸等于零件的最大极限尺寸减去安全裕度；下验收极限尺寸等于零件的最小极限尺寸加上安全裕度。　　（　　）

5. 实际尺寸是通过测量所得的尺寸，所以实际尺寸是真值。　　　　（　　）

6. 误差是设计人员给定的，公差是在加工过程中产生的。　　　　（　　）

7. 配合公差越大，配合精度越低；配合公差越小，配合精度越高。　　（　　）

8. 零件的实际尺寸小于其公称尺寸则一定不合格。　　　　（　　）

9. 最大实体尺寸等于最大极限尺寸，最小实体尺寸等于最小极限尺寸。　　（　　）

10. 孔的作用尺寸小于或等于孔的实际尺寸。　　　　（　　）

11. 基孔制过渡配合的轴，其上偏差必大于零。　　　　（　　）

12. 零件的公差值可为正、负、零。　　　　（　　）

13. 零件的偏差值可为正、负、零。　　　　（　　）

14. 零件的公差是用来控制实际偏差的。　　　　（　　）

15. 最大极限尺寸一定大于公称尺寸。　　　　（　　）

16. $\phi45m7$ $\left(^{+0.034}_{+0.009}\right)$ 的标准公差值为 $+0.025\text{mm}$。　　（　　）

17. 对所有基准制配合，其基准件公差带位置和大小都固定不变。　　（　　）

18. 公差数值越大，零件尺寸精度越高。　　　　（　　）

19. 按国家标准，键槽属于孔。　　　　（　　）

20. 选用公差等级的原则是应选用低的公差等级。　　　　（　　）

21. 基本偏差孔和轴各有 28 个代号。　　　　（　　）

22. JS 相对公差带零线对称分布。　　　　（　　）

23. 零件的极限偏差是用来控制实际偏差的。　　　　（　　）

24. 在间隙配合中，孔的公差带一定在零线以上。　　　　（　　）

25. 公称尺寸不同的零件，只要它们的公差值相同，就可以说明它们的精度要求相同。　　（　　）

26. 对于孔来说，最大实体尺寸就是最大极限尺寸，最小实体尺寸就是最小极限尺寸。　　（　　）

27. 极限偏差可控制实际偏差，极限尺寸可控制实际尺寸。　　　　（　　）

28. 公称尺寸相同，孔的尺寸公差带在轴的公差带之下则为过盈配合。 （　　）

29. 公差虽为绝对值，但公差值前面却不能加"＋"号。 （　　）

30. 零件的实际尺寸大于其公称尺寸则一定不合格。 （　　）

31. 零件的极限偏差值可为正、负、零，公差只能为正。 （　　）

32. 极限尺寸的平均尺寸是零件加工后要达到的理想尺寸。 （　　）

33. 若实际尺寸为公称尺寸，则该零件一定合格。 （　　）

34. 孔的作用尺寸一定小于其实际尺寸。 （　　）

35. 零件实际尺寸即为其真值。 （　　）

36. 极限偏差不能控制实际偏差，而极限尺寸可控制实际尺寸。 （　　）

37. 轴的作用尺寸一定大于其实际尺寸。 （　　）

38. 依据尺寸公差值的大小，即可判断精确程度的高低。 （　　）

39. 公称尺寸必须小于或等于最大极限尺寸，而大于或等于最小极限尺寸。 （　　）

40. 公称尺寸不同的零件，只要它们的公差值相同，就可以说明它们的精度要求相同。 （　　）

41. 由于上偏差一定大于下偏差，且偏差可正可负，因而一般情况下，上偏差为正值、下偏差为负值。 （　　）

42. 尺寸公差是尺寸允许的变动量，是用绝对值来定义的，因而它没有正、负的含义。 （　　）

43. 尺寸公差是尺寸允许的变动量，因而当零件的实际尺寸等于其公称尺寸时，其尺寸公差为零。 （　　）

44. 尺寸公差等于最大极限尺寸减最小极限尺寸的代数差的绝对值，也等于上偏差与下偏差代数差的绝对值。 （　　）

45. 尺寸公差也可以说是零件尺寸允许的最大偏差。 （　　）

46. 确定尺寸公差带的两条直线分别表示尺寸的上偏差和下偏差。 （　　）

47. 相互配合的孔和轴，其公称尺寸必须相同。 （　　）

48. 只要孔和轴装配在一起，就必然形成配合。 （　　）

49. 间隙等于孔的尺寸减去相配合的轴的尺寸之差。 （　　）

50. 间隙配合中，孔的实际尺寸大于或者等于相配合的轴的实际尺寸。 （　　）

51. 凡在配合中可能出现间隙的，其配合性质一定属于间隙配合。 （　　）

52. 在尺寸公差带图中，公差带相对于零线的位置可确定配合的种类。 （　　）

53. 在尺寸公差带图中，孔公差带和轴公差带的相对位置关系可以确定孔、轴的配合种类。 （　　）

54. 在孔、轴的配合中，若 EI≥es，则此配合必为间隙配合。 （　　）

55. 在实际生产中，允许根据需要采用非基准孔和非基准轴相配合。 （　　）

56. 基孔制是先加工孔、后加工轴以获得所需配合的制度。 （　　）

57. 基孔制是孔的基本偏差一定，而通过改变轴的基本偏差而形成各种配合的一种制度。 （　　）

58. 不论公差数值是否相等，只要公差等级相同，则尺寸的精度就相同。 （　　）

59. 公差等级相同时，其加工精度一定相同。公差数值相等时，其加工精度不一定相

同。　　　　　　　　　　　　　　　　　　　　　　　　　　　　　　　（　　）

60. 基本偏差数值确定公差带的位置，标准公差数值确定公差带的大小。（　　）

61. 若最大过盈与最小过盈相差很大，则说明相配合的孔、轴精度很低。（　　）

62. 基本偏差数值确定公差带的位置，因而基本偏差值越小，公差带距零线越近。
　　　　　　　　　　　　　　　　　　　　　　　　　　　　　　　　　（　　）

63. 公差带代号是由基本偏差代号和公差等级数字组成的。　　　　　　（　　）

64. 选用公差带时，应按常用、优先、一般公差带的顺序选取。　　　（　　）

65. 线性尺寸的一般公差是指加工精度要求不高不低，而处于中间状态的尺寸公差。
　　　　　　　　　　　　　　　　　　　　　　　　　　　　　　　　　（　　）

66. 一般情况下，优先选用基孔制主要是从加工和检验的工艺性方面考虑的。（　　）

67. 公差等级选用的原则是在满足使用要求的条件下，尽量选择低的公差等级。（　　）

68. 基本偏差 A~H 的孔与基轴制的轴配合时，其中 H 配合最紧。　　（　　）

69. 加工尺寸越靠近公称尺寸就越精确。　　　　　　　　　　　　　　（　　）

70. 靠近零线的那个偏差一定是基本偏差。　　　　　　　　　　　　　（　　）

71. 过渡配合可能具有间隙或过盈，因此过渡配合可能是间隙配合或过盈配合。（　　）

72. 某孔的实际尺寸小于与其结合的轴的实际尺寸，则形成过盈配合。（　　）

73. 同一公差等级的孔和轴的标准公差数值一定相等。　　　　　　　（　　）

74. 公称尺寸不同的零件，只要它们的公差等级相同，虽然公差数值不同，但认为它们具有相同的尺寸精确程度。　　　　　　　　　　　　　　　　　　（　　）

75. 配合公差的数值越小，则相互配合的孔、轴的公差等级越高。　　（　　）

76. 配合 H7/g6 比 H7/s6 要紧。　　　　　　　　　　　　　　　　　　（　　）

77. 工作时孔温高于轴温，设计时配合的过盈量应加大。　　　　　　（　　）

78. 从制造上讲，基孔制的特点就是先加工孔，基轴制的特点就是先加工轴。（　　）

79. 公称尺寸是零件加工的基本目标。　　　　　　　　　　　　　　　（　　）

80. 最小极限尺寸可以小于、等于或大于公称尺寸。　　　　　　　　（　　）

81. 某尺寸的上偏差一定大于下偏差。　　　　　　　　　　　　　　　（　　）

82. 极限尺寸减去实际尺寸所得的代数差即为该尺寸的实际偏差。　　（　　）

83. 由基本偏差所确定的公差带位置反映了尺寸的精确程度。　　　　（　　）

84. $\phi 36F8$ 与 $\phi 40H8$ 的标准公差值相等。　　　　　　　　　　　（　　）

85. 若零件尺寸的加工难易程度相同，则它们的上、下偏差也应相同。（　　）

86. H7/h6 与 H9/h9 配合的最小间隙相同（　　　），最大间隙不同。

87. 最小间隙等于零的配合与最小过盈等于零的配合，二者实质相同。（　　）

88. 若零件实际尺寸正好等于公称尺寸，则该零件一定合格。　　　　（　　）

89. 偏差为零时也必须标注出"0"字。　　　　　　　　　　　　　　　（　　）

90. 公差等级的代号数字越小，尺寸的精确程度越高。　　　　　　　（　　）

91. $\phi 25f8$ 的基本偏差和标准公差分别为 $-0.022mm$ 和 $0.033mm$，其尺寸标注为
$\phi 25f8\ \left(^{+0.011}_{-0.022}\right)$。　　　　　　　　　　　　　　　　　　　　　　　（　　）

92. 实际尺寸越接近公称尺寸，表明加工越精确。　　　　　　　　　（　　）

93. 属同一公差等级的公差，不论公称尺寸如何，其公差值都相等。（　　）

94. 公差为绝对值概念，在公差带前必须加注"＋"符号。 （ ）

95. 尺寸 $\phi 50_{0}^{+0.090}$ 与 $\phi 50 \pm 0.045$ 的精确程度相等。 （ ）

96. 孔、轴配合为 $\phi 40H9/n9$，可以判断是过渡配合。 （ ）

97. 按过渡配合加工出来的孔、轴配合后，既可能出现间隙，也可能出现过盈。（ ）

98. 未标注公差的尺寸，操作工人可按经验自由加工。 （ ）

99. 公称尺寸是理想的尺寸。 （ ）

100. 基轴制过渡配合的孔，其下偏差必小于零。 （ ）

101. 通过极精确的测量所得的实际尺寸即为真实尺寸。 （ ）

102. 某一尺寸段内的公差等级代号数字越小，标准公差值越小。 （ ）

103. $\phi 3f6$ 的标准公差值为 $6\mu m$，$\phi 320f6$ 的标准公差值为 $36\mu m$，前者公差值较小而较后者难以加工；（ ）后者公差值较大而较前者易于测量。 （ ）

104. 采用基孔制配合一定比采用基轴制配合的加工工艺性好。 （ ）

105. 尺寸 $\phi 60_{+0.020}^{+0.050}$ 与 $\phi 60_{-0.780}^{-0.750}$ 的公差等级相同。 （ ）

106. $\phi 45s7$ ($_{+0.043}^{+0.068}$) 的基本偏差值为 $+0.043mm$。 （ ）

107. 优先选用基孔制配合的原因在于加工孔比加工轴容易。 （ ）

108. 基本偏差决定公差带的位置。 （ ）

109. 未注公差尺寸即对该尺寸无公差要求。 （ ）

110. 孔的基本偏差即下偏差，轴的基本偏差即上偏差。 （ ）

111. 基本偏差 a～h 的轴与基准孔构成间隙配合。 （ ）

112. 按过渡配合加工的孔、轴配合后只出现间隙，也可称为间隙配合。 （ ）

113. 公差通常为正，在个别情况下也可以为负或零。 （ ）

二、填空题

1. 国标规定：孔、轴配合优先采用基_____制，当一光轴需要与孔形成多种配合时，应选基_____制。

2. EI＞es 的配合属于_____配合。

3. GB 公差与配合的组成是_____系列标准化和_____系列标准化。其中_____用于确定公差带的大小，_____用于确定公差带的位置。

4. 孔 $\phi 65_{-0.072}^{-0.042}$mm 的公差等级为_____，基本偏差代号为_____。

5. 基本偏差系列中的_____基本偏差为零。

6. 按公差带关系的不同，配合可分为_____、_____和_____。

7. 未注公差尺寸的公差等级规定为_____。

8. GB 规定基准制是_____和_____，一般优先选用_____。

9. $\phi 25js8$ 的标准公差为 0.032，其尺寸标注为_____。

10. 配合表示_____相同，相互结合的孔、轴_____之间的关系。

11. 孔和轴各有_____个基本偏差代号。

12. 尺寸的公差等级共有_____级。

13. 配合公差与孔、轴公差的关系式：_____。

14. 最低的尺寸公差等级是_____。

15. 最高的尺寸公差等级是_____。

16. 公称尺寸相同,孔的尺寸公差带在轴的公差带之上则为_____配合。

17. 公称尺寸相同,轴的尺寸公差带在孔的公差带之上则为_____配合。

18. 通过测量获得的某一孔、轴的尺寸称为_____。由于测量误差的存在,实际尺寸并非尺寸的_____。

19. 某一尺寸减去其_____所得的代数差称为尺寸偏差,又简称_____。尺寸偏差可分为_____和_____两种,而_____又有_____偏差和_____偏差之分。

20. 零件的尺寸合格时,其实际尺寸在_____和_____之间,其_____在上偏差和下偏差之间。

21. 尺寸公差在数值上等于_____减_____之差,它是尺寸允许的_____。

22. 尺寸偏差是_____,因而有正、负的区别。而尺寸公差是用绝对值来定义的,因而在数值前不能_____。

23. 当最大极限尺寸等于公称尺寸时,其_____偏差等于零;当零件的实际尺寸等于公称尺寸时,其_____偏差等于零。

24. 在公差带图中,表示公称尺寸的一条直线称为_____,在此线以上的偏差为_____,在此线以下的偏差为_____。

25. 孔的尺寸减去相配合的轴的尺寸之差为_____时是间隙,为_____时则是过盈。

26. 最大间隙和最小间隙统称为_____间隙。最大间隙是_____配合或_____配合中处于最松状态时的间隙,最小间隙是间隙配合中处于_____状态时的间隙。

27. 配合公差为组成配合的_____公差与_____公差之和。

28. 配合精度的高低是由相互结合的_____和_____的精度决定的。

29. 配合公差和尺寸公差一样,其数值不可能为_____。

30. 配合公差是对配合的_____程度给出的允许值。配合公差越大,则配合时形成的间隙或过盈可能出现的差别_____,配合的精度_____。

31. 基孔制是基本偏差为_____的孔的公差带与_____基本偏差的轴的公差带形成各种配合的一种制度。

32. 基孔制配合中的孔称为_____。其基本偏差为_____偏差,代号为_____,数值为_____。其另一极限偏差为_____偏差。

33. 基轴制配合中的轴称为_____,其基本偏差为_____偏差,代号为_____,数值为_____。其另一极限偏差为_____偏差。

34. 基准孔的最小极限尺寸等于其_____尺寸。

35. 在同一尺寸段内,只要公差等级相同,其标准公差值就_____。

36. 基本偏差确定了_____的位置,从而确定了_____。

37. 基本偏差代号用_____表示。孔和轴各有_____个基本偏差代号。

38. 孔和轴同字母的基本偏差相对零线呈_____分布。

39. 轴的基本偏差从_____至_____为上偏差,它们的绝对值依次逐渐_____;从_____至_____为下偏差,其绝对值依次逐渐_____。

40. 孔的基本偏差从_____至_____为下偏差,其绝对值依次逐渐_____;从_____至_____为上偏差,其绝对值依次逐渐_____。

41. 未注公差尺寸是指图样中只标注_____,而不标注_____的尺寸。

42. 设计时给定的尺寸为 $\phi40g6\left(_{-0.025}^{-0.009}\right)$,其中 $\phi40$ 称为_____, -0.025 称为_____,公差是_____,g 表示_____,6 表示_____,g6 表示_____。

43. $\phi35H7/m6$ 中,分数式为_____代号,分母为_____代号,分子为_____代号,此配合为_____制_____配合。

44. 在选择公差带时,应优先选用_____公差带,其次选用_____公差带,再次选用_____公差带。

45. 某配合部位比相应典型实例的旋转速度增高时,若为过盈配合,则过盈量应_____;若为间隙配合,则间隙量应_____。

46. 选择基准制时,应优先选用_____,原因是_____。

47. 配合种类的选择有_____、_____和_____三种基本方法。

48. 若 ES < ei,则该配合一定不属于_____配合。

49. 尺寸公差带由_____和_____两因素决定,而_____是由基本偏差决定的,_____是由公差等级决定的。

50. 允许尺寸变化的两个界限值称为_____。

51. 某一尺寸减其_____尺寸所得的代数差称为偏差。

52. 从 IT01 ~ IT18,公差等级逐渐_____,标准公差值逐渐增大。

53. 配合公差越大,配合精度_____;配合公差越小,配合精度_____。

54. 尺寸公差带由_____和_____两个要素确定。

55. $\phi 45_{0}^{+0.025}$ 的基本偏差数值为_____mm。

56. 公称尺寸60mm,公差等级为8级,基本偏差代号为 n 的基孔制过渡配合的轴,其代号写成_____。

57. 按图 3-2-1 所示公差带图计算并回答问题(单位毫米):

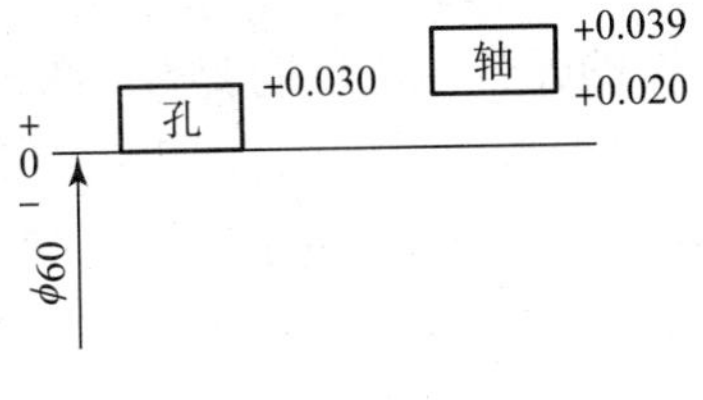

图 3-2-1

(1) 孔的基本偏差 = _____,轴的基本偏差 = _____;

(2) 孔公差 T_D = _____,轴公差 T_d = _____;

(3) 孔的最大极限尺寸 D_{max} = _____,轴的最小极限尺寸 d_{min} = _____;

(4) 孔的最大实体尺寸 = _____,轴的最小实体尺寸 = _____;

(5) 最大间隙及过盈 X_{max} = _____, Y_{max} = _____;

(6) 配合公差 T_f = _____。

58. 孔和轴具有_____为_____时的尺寸称为最大实体尺寸。

59. 标准公差等级 IT01 与 IT10 相比，_____的精度较低。

60. 孔的上偏差减去相配合的轴的下偏差为负时，得到_____配合。

61. 某基孔制配合，孔的尺寸为 40mm，7 级公差，标准公差值 IT7 = 0.025mm，轴为 6 级公差。其配合公差带见图 3 - 2 - 2。试计算并回答问题：

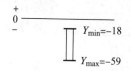

图 3 - 2 - 2

（1） T_D = _____， T_d = _____；

（2） 该配合为_____配合；

（3） 轴的公差等级比孔高 1 级，符合_____原则。

62. 根据图 3 - 2 - 3 分析回答：

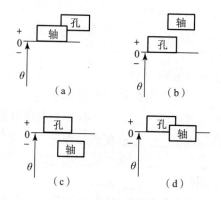

图 3 - 2 - 3

（1） 图 3 - 2 - 3（a）为_____配合，图 3 - 2 - 3（b）为_____配合，图 3 - 2 - 3（c）为_____配合，图 3 - 2 - 3（d）为_____配合。

（2） 当公称尺寸增大时，各图的配合性质可能变为：图 3 - 2 - 3（a）_____，图 3 - 2 - 3（b）_____，图 3 - 2 - 3（c）_____，图 3 - 2 - 3（d）_____。

（3） 当公差等级提高时，各图的配合性质可能为：图 3 - 2 - 3（a）_____，图 3 - 2 - 3（b）_____，图 3 - 2 - 3（c）_____，图 3 - 2 - 3（d）_____。

（a：间隙配合，b：过渡配合，c：过盈配合，d：不变）

（4） 根据以上分析，判断下列结论是否正确：

① 公差带的大小与基本偏差无关。（　　　）

② 仅凭公差等级一个参数不能完全确定尺寸的精确程度。（　　　）

③ 随公称尺寸或（和）公差等级的变化，某些过渡配合和过盈配合的性质可能改变，（　　　）但间隙配合则不发生变化。（　　　）

63. 基准圆柱孔的公称尺寸为 30mm，公差等级为 7 级，其代号写成_____。

64. ES < ei 的配合属于_____配合，EI > es 的配合属于_____配合。

65. 孔、轴公差带相互交叠的配合是_____配合。

66. $\phi 45_0^{+0.039}$ 孔与 $\phi 45_{+0.009}^{+0.034}$ 轴组成_____制_____配合。

67. 配合代号为 $\phi 50H10/js10$，且 $IT10 = 0.100mm$，则：$EI = $_____； $ES = $_____； $es = $_____； $ei = $_____。

68. 已知公称尺寸为 $\phi 50mm$ 的轴，其最小极限尺寸为 $\phi 49.98mm$，公差为 $0.01mm$，则它的上偏差是_____ mm，下偏差是_____ mm。

69. $\phi 30_{-0.009}^{+0.012}mm$ 的孔与 $\phi 30_{-0.013}^{0}mm$ 的轴配合，属于_____制_____配合。

70. 配合代号为 $\phi 50H10/js10$ 的孔轴，已知 $IT10 = 0.100mm$，其配合的极限间隙（或过盈）分别为_____、$Y_{max} = $_____。

71. 以"正值""负值""零"或"绝对值"填入。

(1) 极限偏差数值可以是"_____""_____""_____"，尺寸公差数值是"_____"。

(2) 间隙数值是"_____"，过盈数值是"_____"。

72. 孔、轴的 $ES < ei$ 的配合属于_____配合，$EI > es$ 的配合属于_____配合。

73. 常用尺寸段的标准公差的大小，随公称尺寸的增大而_____，随公差等级的提高而_____。

74. 尺寸 $\phi 80JS8$，已知 $IT8 = 46\mu m$，则其最大极限尺寸是_____，最小极限尺寸是_____。

75. $\phi 50mm$ 的基孔制配合，其最小间隙为 $+0.05mm$，则轴的上偏差是_____。

76. 国标规定基准孔的基本偏差代号为_____，基轴制则为_____。

77. $\phi 30_0^{+0.021}mm$ 的孔与 $\phi 30_{-0.020}^{-0.007}mm$ 的轴配合，属于_____制_____配合。

78. $\phi 45_0^{+0.005}mm$ 孔的基本偏差数值为_____，$\phi 50_{-0.112}^{-0.050}$ 轴的基本偏差数为_____ mm。

79. 已知某基准孔的公差为 $0.013mm$，则它的下偏差为_____ mm，上偏差为_____ mm。

80. $\phi 50H8/h8$ 的孔、轴配合，其最小间隙为_____，最大间隙为_____ mm。

81. $\phi 50_{-0.023}^{+0.002}mm$ 孔与 $\phi 50_{-0.050}^{-0.025}mm$ 轴的配合属于_____配合，其极限间隙或极限过盈为_____和 $X_{min} = $_____ mm。

82. 有一组相配合的孔和轴为 $\phi 30 \dfrac{N8}{h7}$，作如下几种计算并填空：

查表得 $N8 = \begin{pmatrix} -0.003 \\ -0.036 \end{pmatrix}$，$h7 = \begin{pmatrix} 0 \\ -0.021 \end{pmatrix}$。

(1) 孔的基本偏差是_____ mm，轴的基本偏差是_____。

(2) 孔的公差为_____ mm，轴的公差为_____ mm。

(3) 配合的基准制是_____，配合性质是_____。

(4) 配合公差等于_____ mm。

83. 公称尺寸 $\phi 10mm$，基轴制，公差等级为 6 级的基准轴与公差等级为 7 级、基本偏差为 F 的孔组成_____配合，其代号写成_____。

三、选择题

1. 孔和轴的公差带相互交叠，随着孔、轴实际尺寸的变化可能得到间隙或过盈的配合，称_____。

    A. 间隙配合   B. 过盈配合   C. 过渡配合   D. 间隙、过盈配合

2. 设计给定的尺寸为_____。零件完工后才有意义的尺寸为_____。

    A. 理想尺寸   B. 公称尺寸   C. 极限尺寸   D. 实际尺寸

3. 最小极限尺寸减其公称尺寸所得的代数差称为_____。

    A. 上偏差   B. 下偏差   C. 实际偏差   D. 基本偏差

4. 下列尺寸_____为正确标注。

    A. $\phi 40^{-0.010}_{+0.027}$ B. $\phi 40^{+0.027}_{-0.010}$ C. $\phi 40\left(^{+0.027}_{-0.010}\right)$

5. 下列尺寸_____为正确标注。

    A. $\phi 20^{+0.052}$ B. $\phi^{+0.052}_{0}$ C. $\phi 30^{-0.007}_{-0.020}$

6. 不同尺寸的同一公差等级的公差可反映出_____相同。

    A. 公差值   B. 加工方法   C. 尺寸的精确程度

7. 由零件上、下偏差所限定的区域称为_____。

    A. 尺寸公差带图   B. 尺寸公差带   C. 配合公差带图   D. 配合公差带

8. 尺寸公差带图的零线表示_____尺寸。

    A. 最大极限   B. 最小极限   C. 公称   D. 实际

9. 在公差与配合中，_____确定了公差带相对于零线的位置，_____确定了公差带的大小。

    A. 公差等级   B. 上偏差   C. 基本偏差   D. 公称尺寸

    E. 实际尺寸

10. 孔、轴配合须满足_____相同。

    A. 极限尺寸   B. 公称尺寸   C. 基本偏差代号   D. 公差等级

11. 决定配合公差带大小和位置的有_____。

    A. 标准公差   B. 基本偏差   C. 配合公差   D. 孔轴公差之和

    E. 极限间隙或极限过盈

12. 标准公差数值由_____确定。

    A. 公称尺寸和基本偏差   B. 公称尺寸和公差等级

    C. 基本偏差和公差等级

13. 校对 50～75mm 千分尺的零位，应_____。

    A. 将两测砧面接触   B. 使用 50mm 标准样棒

    C. 使用 75mm 标准样棒

14. 下列配合代号标注不正确的有_____。

    A. $\phi 60H7/r6$ B. $\phi 60H8/k7$ C. $\phi 60h7/D8$ D. 不能确定

15. 下列论述中正确的有_____。

    A. 对于轴的基本偏差，从 a～h 为上偏差 es，且为负值或零

    B. 对于轴，从 j～z 孔基本偏差均为下偏差，且为正值（js 例外）

    C. 基本偏差的数值与公差等级均无关

    D. 与基准轴配合的孔，A～H 为间隙配合，P～ZC 为过盈配合

16. 测量器具所能准确读出的最小单位数值称为测量器具的_____。

A. 示值范围　　B. 刻线间距　　C. 分度值　　D. 示值误差

17. ________测量可从测量器具上读出被测量相对于标准量的偏差值。

A. 直接　　B. 间接　　C. 绝对　　D. 相对

18. ϕ48H8 的公差等级________ ϕ480H8 的公差等级。ϕ25f5 的公差值________ ϕ30F5 的公差值。

A. 高于　　B. 低于　　C. 大于　　D. 小于

E. 等于

19. 基本偏差确定了公差带的一个极限偏差，另一极限偏差由________确定。

A. 上偏差　　B. 下偏差

C. 标准公差　　D. 基本偏差和标准公差

20. P ~ ZC 的基本偏差为________。

A. 正　　B. 负　　C. 零　　D. 不能确定

21. a ~ h 的基本偏差的绝对值依次________。

A. 增大　　B. 减小　　C. 保持不变　　D. 不能确定

22. 基孔制将孔的公差带________固定，通过改变轴的公差带________实现不同性质的配合。

A. 大小　　B. 位置　　C. 形状　　D. 方向

23. 用内径百分表测量时必须在轴截面上轻微径向摆动，表的________示值才是正确读数。

A. 最大　　B. 最小　　C. 平均　　D. 不能确定

24. 0 ~ 150mm 游标卡尺测量范围是________ mm。

A. 0　　B. 150　　C. 0 ~ 150　　D. 不能确定

25. 下列测量中属于间接测量的有________。

A. 用千分尺测外径　　B. 用光学比较仪测外径

C. 用内径百分表测内径　　D. 用游标卡尺测量两孔中心距

四、名词解释

1. 基本偏差
2. 极限尺寸
3. 实效尺寸
4. 公称尺寸
5. 孔
6. 轴
7. 实际尺寸
8. 基孔制
9. 最大实体尺寸
10. 最小实体尺寸
11. 尺寸偏差
12. 上偏差

13. 下偏差

14. 实际偏差

15. 尺寸公差

16. 基轴制

17. 公差带

18. 过渡配合

19. 配合

20. 间隙配合

21. 过盈配合

五、综合题

1. 下面三根轴哪根精度最高？哪根精度最低？说明理由。

（1）$\phi 70 ^{+0.105}_{+0.075}$ （2）$\phi 250 ^{-0.015}_{-0.044}$ （3）$\phi 10 ^{0}_{-0.022}$

2. 试根据表 3 - 2 - 1 中已有的数值，计算并填写该表空格中的数值（单位为 mm）。

表 3 - 2 - 1

公称尺寸	最大极限尺寸	最小极限尺寸	上偏差	下偏差	公差
孔 $\phi 12$	12.050	12.032			
轴 $\phi 80$			- 0.010	- 0.056	
孔 $\phi 30$		29.959			0.021
轴 $\phi 70$	69.970			- 0.074	

3. 设某配合的孔径为 $\phi 15 ^{+0.027}_{0}$，轴径为 $\phi 15 ^{-0.016}_{-0.034}$，试分别计算其极限尺寸、极限间隙（或过盈）。

4. 试比较 $\phi 25h5$、$\phi 25h6$、$\phi 25h7$ 的基本偏差是否相同？它们的标准公差数值是否相同？

5. 公称尺寸为 30mm 的 N7 孔和 m6 轴相配合，计算极限间隙或过盈及配合公差。

6. 配合的孔径为 $\phi 45 ^{+0.142}_{+0.080}$，轴径为 $\phi 45 ^{0}_{-0.039}$，试分别计算其极限间隙（或过盈）。

7. 已知某孔 $\phi 50H7$，轴 $\phi 50t6$，回答以下问题：

（1）该配合属于何种配合？何种基准制？配合公差 T_f 是多少？

（2）确定该配合的极限间隙或过盈量。

（3）试按内缩法确定轴的验收极限，并选择测量所用的计量器具。

（4）假如测得该轴的实际偏差为 + 0.053，+ 0.057，+ 0.066，+ 0.058，+ 0.067，+ 0.065（单位为 mm），试判断该轴的合格性。

8. 指出代号 $\phi 80H7/js6$ 的含义。

9. $\phi 30mm$ 的孔，ES = + 0.041mm，EI = + 0.020mm，与 $\phi 30$ 的轴相配合，es = 0，ei = - 0.013mm。

要求：

（1）计算孔和轴的公差及配合公差；

（2）计算极限间隙和平均间隙；

（3）绘制公差与配合图解；

（4）绘制配合公差带图；

（5）指出基准制；

（6）若安全裕度 A 为 0.002，确定孔的验收极限。

10. 举例说明 GB 对未注公差尺寸的规定是什么。

11. $\phi 40mm$ 的孔，$ES = +0.025mm$，$EI = 0mm$，与 $\phi 40mm$ 的轴相配合，$es = -0.025mm$，$ei = -0.041mm$。要求：

（1）计算孔和轴的公差及配合公差；

（2）计算极限间隙和平均间隙；

（3）绘制公差与配合图解；

（4）绘制配合公差带图。

12. 已知公称尺寸 $\phi 32mm$，$X_{max} = +0.023mm$，$Y_{max} = -0.018mm$，用计算法结合查表确定公差等级，选择合适的配合代号。（用基孔制）

第3章　测量技术基础

一、判断题

1. 测量所得的值即为零件的真值。　　　　　　　　　　　　　　　　　　　　（　　）
2. 量块的精度"等"和"级"是同一个概念。　　　　　　　　　　　　　　（　　）
3. 正弦规虽然结构简单，但其尺寸精度和形状位置精度均很高，因而一般作精密测量用。　　　　　　　　　　　　　　　　　　　　　　　　　　　　　　　　（　　）
4. 用游标卡尺测量工件时，无估读位。　　　　　　　　　　　　　　　　　　（　　）
5. 系统误差和随机误差可以通过一定的方法来完全排除。　　　　　　　　　　（　　）
6. 精密测量仪器是用作精密测量的，故这种仪器本身是没有误差的。　　　　　（　　）
7. 系统误差可以通过一定的方法来完全排除。　　　　　　　　　　　　　　　（　　）
8. 定值系统误差和变值系统误差的主要区别在于：前者的大小和符号均保持不变，而后者按一定规律变化。　　　　　　　　　　　　　　　　　　　　　　　　（　　）
9. 用杠杆比较仪测轴径时，其读数为尺寸真值。　　　　　　　　　　　　　　（　　）
10. 用外径千分尺测量工件时，其读数有估读位。　　　　　　　　　　　　　（　　）
11. 定值系统误差可以通过较高精度的对比测量检定出来，并可用大小相等、方向相反的修正值用代数法加在测量结果上加以消除。　　　　　　　　　　　　　（　　）
12. 在所有的量具中，读数时均有估读位。　　　　　　　　　　　　　　　　（　　）
13. 利用万能角度尺测锥体角度时，其测量方法属于间接测量和相对测量。　　（　　）
14. 利用外径千分尺测轴径时，其测量方法属于直接测量和相对测量。　　　　（　　）
15. 在测量零件的形位误差时，百分表的测杆应该与被测表面相垂直。　　　　（　　）
16. 利用内径百分表测孔径时，其测量方法属于直接测量和相对测量。　　　　（　　）
17. 用游标卡尺测轴径时，其读数为尺寸真值。　　　　　　　　　　　　　　（　　）
18. 用正弦规测量锥度时，所选择的量块尺寸不仅与被测工件的锥角有关，而且还与正弦规两圆柱之间的中心距有关。　　　　　　　　　　　　　　　　　　　　（　　）
19. 采用正弦规测量角度时，指示表的测头直接与被测工件的表面接触，因而属于直接测量法。　　　　　　　　　　　　　　　　　　　　　　　　　　　　　　（　　）
20. 量具一般只能用于接触测量、静态测量或被动测量；量仪能够用来进行动态测量、主动测量或非接触测量。　　　　　　　　　　　　　　　　　　　　　　　　（　　）
21. 多数随机误差是服从正态分布规律的。　　　　　　　　　　　　　　　　（　　）
22. 由于绝对测量法被测量的全值可以从计量器具的读数装置中直接获得，因而在相同的测量条件下，绝对测量法比相对测量法的测量精度高。　　　　　　　　　　（　　）
23. 在测量的过程中，定值系统误差的处理方法是采用大小相同、方向相反的修正值加以消除。   （   ）

24. 综合测量一般属于检验，如用螺纹通规检验螺纹的作用中径是否合格，则属于综合测量。   （   ）

25. 测量得到的实际尺寸包含测量误差。   （   ）

26. 示值误差和示值稳定性是两个相关的概念。通常示值误差大，则示值稳定性差；反之，示值误差小，则示值稳定性好。   （   ）

27. 计量器具的校正值等于计量器具的示值误差。   （   ）

28. 由于变值系统误差采取技术措施减小到最低程度后可按随机误差来处理，因而变值系统误差和随机误差的特性相同。   （   ）

29. 极限偏差可控制实际偏差，极限尺寸可控制实际尺寸。   （   ）

30. 用内径百分表测孔径时所测得的是零件的实际偏差。   （   ）

31. 用千分尺测轴径时所测得的不是零件的实际偏差。   （   ）

32. 零件的上验收极限尺寸等于零件的最大极限尺寸减去安全裕度；下验收极限尺寸等于零件的最小极限尺寸加上安全裕度。   （   ）

33. 随机误差可通过多次测量取平均值的方式来减少或部分消除。（   ）。

34. 粗大误差和定值系统误差对测量结果的影响有办法消除，而变值系统误差和随机误差对测量结果的影响只能想办法减小。   （   ）

35. 在对同一被测量进行大量重复测量时，随机误差中绝对值相等的正误差和负误差出现的次数大致相等。因而大量重复测量时，随机误差的平均值趋近于零。   （   ）

36. 杠杆比较仪的示值范围即测量范围。   （   ）

37. 判断内径百分表测孔径、立式光学比较仪测轴径所得的数据是否有效是通过复查零位来决定的。   （   ）

38. 用杠杆式比较仪测轴径时所测得的是零件的实际偏差。   （   ）

39. 各种千分尺的分度值均为千分之一毫米。   （   ）

40. 外径千分尺上棘轮的作用是更快地转动外径千分尺的微分筒。   （   ）

41. 由于随机误差产生的因素多具有偶然性和不稳定性，因而在较高精度的测量中，只能将此误差忽略不计。   （   ）

42. 验收量规没有规定公差带，但规定了使用顺序。   （   ）

43. 光滑极限量规是一种有刻度的量具。   （   ）

44. 内径百分表的示值范围即测量范围。   （   ）

45. 用内径百分表测孔径、立式光学比较仪测轴径无须复查零位。   （   ）

46. 用分度值为 0.02mm 的游标卡尺测量尺寸，其尾数只能为偶数。   （   ）

47. 测量范围和示值范围属同一概念。   （   ）

48. 测量器具刻度标尺上相邻两刻线间的距离称为分度值。   （   ）

49. 相对测量可直接读出被测工件的实际尺寸。   （   ）

50. 0.02mm 游标卡尺的主尺 50mm 对应副尺 49 格。   （   ）

51. 千分尺固定套管每相邻两刻线间的距离为 0.5mm。   （   ）

52. 游标卡尺和千分尺在测量前都应校对零位。   （   ）

53. 千分尺可准确地测出 1/100mm，并可估测到 1/1 000mm。   （   ）

54. 0～25mm 千分尺的示值范围和测量范围是一样的。 （　　　）

55. 使用内径百分表测量孔径，可根据需要更换活动测头。 （　　　）

56. 使用的块规数越多，组合出的尺寸越精确。 （　　　）

57. 我国的法定计量单位是以国际单位制为基础确定的。 （　　　）

58. 通常所说的测量误差，一般是指相对误差。 （　　　）

59. 量具和量仪最主要的区别是：量具没有传动放大系统，而量仪一般具有传动放大系统。 （　　　）

60. 量规是指没有刻度的专用计量器具，而量块没有刻度，因而量块属于量规类的计量器具。 （　　　）

61. 根据测量方法分类的定义可知：绝对测量一般也同时为直接测量，相对测量一般也同时为间接测量。 （　　　）

二、填空题

1. 测量方法按是否直接量出所需的量值，分为_____测量和_____测量。

2. 测量值为 9 998，修正值为 3，则真值为_____，测量误差为_____。

3. 在短时间内对某一物体的长度连续测量两次，分别为 10.006mm 和 10.008mm，它们的随机误差是_____，它们的系统误差是_____。

4. 已知千分尺的修正值为 +0.015mm，测得零件的尺寸为 30.234mm，则该零件的实际尺寸应为_____ mm。

5. 计量器具按结构特点可分为四类：_____、_____、_____以及_____。

6. 修正值与_____的绝对值相同，但符号相反。

7. 正弦规是以_____原理，采用_____测量方法测量角度或加工精密工件角度用的量具。

8. 百分表的分度值为_____ μm。

9. 按测量时是否与标准器比较，测量方法分为_____测量和_____测量。

10. 随机误差的特性有_____、_____、_____和_____。

11. 对含有粗差的反常值应从测量数据中_____。

12. 已知千分尺的修正值为 -0.015mm，测得零件的尺寸为 30.234mm，则该零件的实际尺寸应为_____ mm。

13. 杠杆比较仪的分度值是_____ mm。

14. 0～150mm 游标卡尺的测量范围是_____ mm。

15. 阿贝原则是指测量轴线在_____上。根据这一原则，判别游标卡尺_____阿贝原则。

16. 在重复性条件下得到的不同测量结果应该具有相同的_____误差。

17. 若测量结果为无限多次测量结果的平均值，则此时的随机误差_____。

18. 车间使用的游标卡尺的分度值是_____ mm。

19. 我国长度的法定计量单位是_____。

20. 随机误差通常服从_____规律，这时具有四个基本特征：_____、_____、_____以及_____。

21. 用分度值为 0.02mm 的游标卡尺测得的数据如下：22.34，30.27，40.28。在这些数据中，按游标卡尺的读数原理来看，读数不正确的有_____。

22. 外径千分尺的分度值为_____ mm。

23. 公法线千分尺的分度值为_____ mm。

24. 齿厚游标卡尺的分度值为_____ mm。

25. 所谓测量，就是把被测量与_____进行比较，从而确定被测量的过程。

26. 螺纹千分尺的分度值为_____ mm。

27. 根据其性质和特点，测量误差可分为_____误差、_____误差和_____误差。

28. 测量误差有_____和_____两种表示方法。

29. 检验是确定被测几何量是否在规定的_____之内，从而判断被测对象是否合格，而无须得出_____。

30. 示值范围是指计量器具标尺或刻度盘所指示的_____值到_____值的范围。

31. 测量范围是指计量器具能够测出的被测尺寸的_____值到_____值的范围。

32. 量仪与量具在结构上最主要的区别是_____，前者一般具有_____系统，而后者没有此系统。

33. 间接测量是指通过测量与被测尺寸有一定_____的其他尺寸，然后通过_____获得被测尺寸量值的方法。

34. 间接测量法存在_____误差，故仅用在不能或不宜采用_____的场合。

35. 接触测量时，计量器具的测量元件与工件表面_____，并有机械作用的_____，会使被测表面和计量器具的有关部分产生_____而影响测量精度。

36. 根据在加工过程中_____，测量可以分为主动测量与被动测量。主动测量的目的是_____，被动测量的目的是_____。

37. 用万能角度尺测量角度时，所测角度分别为：42°12′，42°13′，42°10′，42°2′，41°98′，42°5′，42°6′，41°97′。在这些数据中，按万能角度尺的读数原则来看，读数不正确的分别是_____。

38. 当千分尺无法调到零位时，将初始值作为_____误差处理。

39. 国家标准规定：测量的标准温度为_____℃。

40. 粗大误差是指超出_____的误差。

41. 计量器具的示值范围是指计量器具标尺或分度盘内全部刻度所代表的_____的范围。

42. 校对 50 ~ 75mm 千分尺的零位，应选择_____ mm 的标准样棒。

43. 用内径百分表测量时必须在轴截面上轻微径向摆动，表的_____示值才是正确读数。

44. 测量是把被测量值与标准量值进行比较的过程，一个完整的测量过程应包括四个要素：_____、_____、_____以及_____。

45. 量块按其制造精度分为_____级，按其检定精度分为_____等。在精密测量中，按_____使用的精度比按_____使用的高。

三、选择题

1. 选择测量基面时，应遵守基面统一原则，即与（　　　　）。
   A. 设计基面一致
   B. 工艺基面一致
   C. 检测及装配基准一致
   D. 以上三者全对

2. 在测量条件改变的情况下，同一被测量的测量结果之间的一致性，即为测量结果的（　　　　）。
   A. 重复性
   B. 稳定性
   C. 复现性
   D. 多现性

3. 长度测量的基本原则是（　　　　）。
   A. 阿贝原则
   B. 最小变形原则
   C. 最短测量链原则

4. 在国际单位制中，长度的单位名称是（　　　　）。
   A. 米
   B. 厘米
   C. 毫米
   D. 微米

5. 用游标卡尺测轴径时所采用的测量方法属于_____。
   A. 直接测量和相对测量
   B. 间接测量和相对测量
   C. 直接测量和绝对测量

6. 用千分尺测轴径时所采用的方法是_____。
   A. 直接测量和绝对测量
   B. 直接测量和相对测量
   C. 间接测量和相对测量

7. 用杠杆比较仪测轴径时，所采用的测量方法是_____。
   A. 直接测量和相对测量
   B. 间接测量和相对测量
   C. 直接测量和绝对测量

8. 用内径百分表测孔径时所采用的方法是_____。
   A. 直接测量和绝对测量
   B. 直接测量和相对测量
   C. 间接测量和相对测量

四、名词解释

1. 测量
2. 粗大误差
3. 测量精度
4. 量块的研合性
5. 刻线间距
6. 分度值
7. 分辨力
8. 示值范围
9. 测量范围
10. 灵敏度
11. 测量重复性
12. 不确定度
13. 直接测量

14. 间接测量

15. 绝对测量

16. 相对测量

17. 接触测量

18. 非接触测量

19. 系统误差

20. 随机误差

21. 正确度

22. 精密度

23. 准确度

24. 测量误差

五、综合题

1. 误差来源一般有哪些？

2. 测量的实质是什么？一个完整的测量过程应该包括哪些基本要素？

3. 计量器具有哪些基本度量指标？

4. 举例说明绝对测量与相对测量及直接测量与间接测量的区别。

5. 为什么要建立尺寸传递系统？说明用什么方法可以保证计量器具的量值统一。

6. 试说明游标卡尺的读数原理以及快速读数的方法。

7. 试说明千分尺的工作原理以及读数方法。

8. 试说明百分表的结构原理以及正确的使用方法。

9. 试分别说明系统误差、随机误差和粗大误差的特性。

10. 为什么要用多次重复测量的算术平均值来表示测量结果？用这种方式表示测量结果可以减少哪一类测量误差对测量结果的影响？

11. 为什么要规定检验的安全裕度？这要做的目的是什么？

12. 试从 83 块一套的量块中选择合适的几块量块组成下列尺寸：（1）28.785mm；（2）45.935mm；（3）55.875mm。

13. 某轴直径为 $\phi 50^{-0.025}_{-0.064}$mm，现拟用外径千分尺测量验收，核算是否可行？

14. 某轴直径为 $\phi 35^{0}_{-0.062}$mm，选择合适的计量器具并求出上、下验收极限。

15. 用水平仪和桥板测量有效长度为 2 000mm 的车床导轨的直线度误差，均匀布置测点，依次测量两相邻测点的高度差。采用水平仪的分度值为 0.01mm/m，桥板跨距为 250mm，测点共 9 个。水平仪在各测点的示值（格数）依次为：0，+1，+1，0，−1，−1.5，+1，+0.5，+1.5。试用两端点连线和按最小条件作图分别求解该导轨的直线度误差值。

16. 用立式光学比较仪对轴进行 10 次等精度的测量，所得数据如下（设不包含系统误差和粗大误差），求测量结果。

30.454，30.459，30.459，30.454，30.458，30.459，30.456，30.458，30.458，30.455

第4章 几何公差

一、判断题

1. 形位公差标注时，如被测要素是中心要素，则其框格箭头指引线应与尺寸线箭头对齐。　　　　　　　　　　　　　　　　　　　　　　　　（　　）

2. 国家标准规定最小条件是评定形状误差的基本原则，决不允许采用其他方法来评定形状误差。　　　　　　　　　　　　　　　　　　　　　　　（　　）

3. 用三点法测平面度时，所采用的检测原则是测量坐标值的原则。　（　　）

4. 在图样上给出形状公差要求的要素均为单一要素。　　　　　　　（　　）

5. 基准是确定理想位置的前提条件。　　　　　　　　　　　　　　（　　）

6. 基准要素为中心要素时，基准符号应与该要素的尺寸线对齐。　（　　）

7. 在测量零件的形位误差时，百分表的测杆应该与被测表面相垂直。（　　）

8. 在用打表法测量平面度时，不需要测量基准。　　　　　　　　　（　　）

9. 在测量零件的形位误差时，可采用测量跳动的原则来代替，其原因是跳动公差带可综合地控制其他的形位公差带。　　　　　　　　　　　　　　（　　）

10. 圆柱度可以控制圆锥面。　　　　　　　　　　　　　　　　　（　　）

11. 基准要素为轮廓要素时，基准符号应与该要素的尺寸线对齐。（　　）

12. 公差原则包括独立原则、包容原则和最大实体原则。　　　　　（　　）

13. 同一被测要素的形状公差应小于尺寸公差。　　　　　　　　　（　　）

14. 最小条件是评定形状和位置误差的准则。　　　　　　　　　　（　　）

15. 被测要素为中心要素时，框格箭头应与该要素的尺寸线错开。（　　）

16. 在测量零件的同轴度误差时，可采用测量跳动的原则来代替，其原因是跳动公差带可综合地控制同轴度公差带。　　　　　　　　　　　　　　（　　）

17. 评定形状误差采用的是最小条件，但误差并不是唯一。　　　（　　）

18. 包容原则所遵守的边界尺寸是实效尺寸。　　　　　　　　　　（　　）

19. 形状公差框格为2格。　　　　　　　　　　　　　　　　　　（　　）

20. 测量径向圆跳动时，百分表只要安装在垂直于工件轴线的位置就可以了。（　　）

21. 径向全跳动公差可以综合控制圆柱度和同轴度误差。　　　　　（　　）

22. 包容要求是要求实际要素处处不超越最小实体边界的一种公差原则。（　　）

23. 中心要素不能为人们直接感觉到，因而中心要素只能作为基准要素，而不能作为被测要素。　　　　　　　　　　　　　　　　　　　　　　　（　　）

24. 用自准仪测车床导轨直线度和用三点法测平面度时，所采用的检测原则是测量坐标值的原则。　　　　　　　　　　　　　　　　　　　　　　（　　）

25. 形位误差的合格性判定条件均是形位误差不大于形位公差。（　　）

26. 某圆柱面的径向圆跳动值为 0.008mm，则该圆柱面的圆度误差值则一定小于 0.008mm。（　　）

27. 在测量形位误差时，可用 V 形块来体现基准或被测要素。（　　）

28. 未注形位公差的部位可以凭经验自由加工。（　　）

29. 某平面的平行度公差值为 0.008mm，则该平面的平面度误差值一定小于 0.008mm。（　　）

30. 若某平面的平面度误差值为 0.060mm，则该平面对基准的平行度误差值一定小于 0.060mm。（　　）

31. 评定平面度误差时，用测得的平面代替实际平面。（　　）

32. 形状公差带位置是浮动的，位置公差带的位置是固定的。（　　）

33. 评定形状误差时采用的是最小条件，这样评定的误差值是唯一的。（　　）

34. 尺寸公差应小于相应部位的形位公差。（　　）

35. 实际要素即为被测要素。（　　）

36. 关联要素包括给出了位置公差要求的要素和基准要素。（　　）

37. 框格箭头所指的方向为所需控制形位误差的方向。（　　）

38. 零件上同一被测要素的圆跳动量包含了全跳动量。（　　）

39. 所有形状公差项目的标注，均不得使用基准。（　　）

40. 圆柱度是控制圆柱形零件横截面和轴向截面内形状误差的综合性指标。（　　）

41. 当使用组合基准要素时，应在框格第 3~5 格中分别填写相应基准字母。（　　）

42. 位置公差框格至少为 3 格。（　　）

43. 圆度不能控制圆锥面。（　　）

44. 零件上同一被测要素的圆度误差包含了圆柱度误差。（　　）

45. 端面圆跳动公差和端面对轴线垂直度公差两者控制的效果完全相同。（　　）

46. 端面全跳动公差和平面对轴线垂直度公差两者控制的效果完全相同。（　　）

47. 平行度是被测要素对基准要素的平行程度，同时控制了倾斜度误差。（　　）

48. 圆度和同轴度都用于控制回转零件的要素。（　　）

49. 圆柱度和径向全跳动公差带形状相同，二者可互换使用。（　　）

50. 形状误差与要素间的位置无关。（　　）

51. 最小条件是指被测要素对基准要素的最大变动量为最小。（　　）

52. 平面度误差包含了直线度误差。（　　）

53. 某平面对基准平面的平行度误差为 0.05mm，那么此平面的平面度误差一定不大于 0.05mm。（　　）

54. 圆柱度同时控制了圆柱正截面和轴截面内要素的综合误差。（　　）

55. 所谓被测要素即为图样仅给出形状公差的要素。（　　）

56. 同轴度、任意方向的直线度的公差带形状均是一圆柱面。（　　）

57. 径向圆跳动公差带与圆度公差带的区别是两者在形状方面不同。（　　）

58. 图样标注中的 $\phi 20^{+0.021}_{0}$ mm 孔，如果没有标注其圆度公差，那么它的圆度误差值可任意确定。（　　）

59. 圆（全）跳动的基准要素必为轴线，被测要素也可为轴线。 （　　）

60. 对同一要素既有位置公差要求，又有形状公差要求时，形状公差值应大于位置公差值。 （　　）

61. 径向全跳动可综合控制圆度、圆柱度、同轴度、素线的直线度等多种形位误差。 （　　）

62. 对同一被测要素给定相同公差值，其全跳动比圆跳动要求严格。 （　　）

63. 图 3 − 4 − 1 中两图的标注实质相同。 （　　）

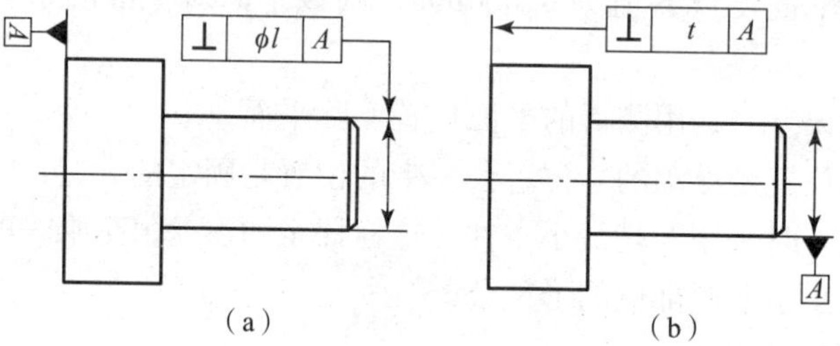

图 3 − 4 − 1

64. 同一被测要素，位置误差含形状误差。 （　　）

65. 对称度的被测中心要素和基准中心要素都应视为同一中心要素。 （　　）

66. 某实际要素存在形状误差，则一定存在位置误差。 （　　）

67. 最大实体原则可用于所有位置公差项目。 （　　）

68. 理论正确尺寸为不注出上、下偏差的未注公差尺寸。 （　　）

69. 被测要素处于最小实体尺寸和形位误差为给定公差值时的综合状态，称为最小实体实效状态。 （　　）

70. 端面全跳动可综合控制端面的平面度及端面对轴线的倾斜度。 （　　）

71. 位置度具有综合控制多种位置误差的功能。 （　　）

72. 零件图样上规定 ϕd 实际轴线相对于 ϕD 基准轴线的同轴度公差为 0.02mm。这表明只要 ϕd 实际轴线上各点分别相对于 ϕD 基准轴线的距离不超过 0.02mm，就能满足同轴度要求。 （　　）

73. 百分表检验圆跳动，工件必须转动，百分表则应移动。 （　　）

74. 尺寸公差与形位公差采用独立原则时，零件加工的实际尺寸和形位误差中有一项超差，则该零件不合格。 （　　）

75. 对称度的被测要素和基准要素都应为中心要素。 （　　）

76. 相关原则即形状公差与位置公差相互关联。 （　　）

77. 零件上与其他要素有功能关系的要素称为关联要素。 （　　）

78. 当给定了尺寸公差和形位公差值后，实效尺寸就是一个定值。 （　　）

79. 最小条件是被测实际要素对其理想要素的最小变动量。 （　　）

80. 实际要素即为被测要素，基准要素即为理想要素。 （　　）

81. 平行度和垂直度可以认为是倾斜度的极限状态。 （　　）

82. 平面度误差包含了直线度误差，直线度误差反映了平面度误差。 （　　）

83. 圆度和同轴度都用于控制回转体零件的实际要素，故二者可互换使用。 （   ）

84. 圆柱度公差带与径向全跳动公差带的形状是相同的，只是前者的轴线与基准轴线同轴，后者的轴线是浮动的。 （   ）

二、填空题

1. 形位误差的检测原则有_____原则、_____原则、_____原则、_____原则和_____原则。

2. 形状误差评定的原则是_____。

3. 圆跳动和同轴度都属于形位公差项目中的_____。

4. 形状公差的项目有_____、_____、_____和_____。

5. 零件的几何精度包括_____精度、形位公差和_____。

6. 形状公差共有_____项目，位置公差共有_____项目。

7. 公差原则包括_____、_____和_____。

8. 相关原则表明图样上给定的_____与_____互相关联，存在着补偿关系。

9. 相关原则表明图样上给定的形位公差与_____互相关联，存在着补偿关系。

10. 圆柱度和同轴度，属于形状公差的是_____。

11. 测量圆柱度时，可采用测量直径的最大变化量来测出圆柱度，这种方法采用的检测原则是_____。

12. 形位误差合格性的依据是形位误差值_____形位公差值。

    A. 大于   B. 小于   C. 不大于   D. 不小于

13. 形位公差带四要素是_____、_____、_____和_____。

14. 用三点法测平面度误差时，这种方法采用的是形位误差五项检测原则中的_____原则。

15. 以下形位公差带的形状一定是一圆柱面的是_____，可能是一圆柱面的是_____。

    A. 同轴度   B. 线对面的垂直度   C. 线对线的平行度

16. 在尺寸偏差后标注了符号 Ⓔ，表明零件的形状公差应遵守_____公差原则。

17. 公差原则包括_____原则、_____、最大实体要求和最小实体要求。

18. 形位公差标注时，如被测要素为_____，形位公差框格箭头指引线应与尺寸线箭头对齐。

19. 形状误差评定的原则是_____。

20. 圆柱度和同轴度，属于位置公差的是_____。

21. 零件形状、位置合格性的条件都是测得的形、位误差值_____图样上要求的形、位公差值。

22. 形位公差用于限制几何要素的形状和位置误差，对_____要素通常只需给出形状公差要求，对_____要素则应给出位置公差要求。

23. 对图样上给定的形位公差与尺寸公差采取彼此无关的处理准则，称为_____，反之则称为_____。

24. 局部尺寸是指在实际要素的任意正截面上，两测量点之间_____距离。

25. 当图样上无附加任何表示相互关系的符号或说明时，则表示遵守_____。

26. 图样上标出的基准，按其形式可分为_____、_____和_____三种。

27. 对称度是限制被测_____偏离基准_____的一项指标。

28. 圆度的公差带形状是_____，圆柱度的公差带形状是_____。

29. 采用直线度来限制圆柱体的轴线时，其公差带是_____。

30. 形状公差一般用于_____要素，而位置公差一般用于_____要素。

31. 形状误差小于等于_____和（或）位置误差小于等于_____时，被测要素合格，反之为不合格。

32. 形位公差值选择的总原则是：在满足零件_____的前提下选择公差值。

33. 形状公差带的方向和位置一般是_____的。

34. 定位公差有_____、_____和位置度三个项目。

35. 对于孔，其实效尺寸等于最小极限尺寸_____中心要素的形位公差。

36. 最大实体要求不仅可以用于_____，也可以用于_____。

37. 圆柱度和径向全跳动公差带的相同点是_____，不同点是_____。

38. 图样上规定键槽对轴的对称度公差为 0.05mm，则该键槽中心偏离轴的轴线距离不得大于_____ mm。

39. 某孔尺寸为 $\phi 40^{+0.119}_{+0.030}$ mm，轴线直线度公差为 $\phi 0.005$ mm，实测得其局部尺寸为 $\phi 40.09$ mm，轴线直线度误差为 $\phi 0.003$ mm，则孔的最大实体尺寸是_____ mm，最小实体尺寸是_____ mm，作用尺寸是_____ mm。

40. 如图 3 - 4 - 2 所示，试按要求填空并回答问题。

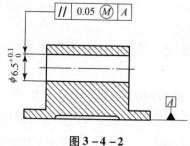

图 3 - 4 - 2

（1）当孔处在最大实体状态时，孔的轴线对基准平面 A 的平行度公差为_____ mm。

（2）孔的局部实际尺寸必须为_____ ~ _____ mm。

（3）孔的直径均为最小实体尺寸 $\phi 6.6$mm 时，孔轴线对基准 A 的平行度公差为_____ mm。

（4）一实际孔，测得其孔径为 $\phi 6.55$mm，孔轴线对基准 A 的平行度误差为 0.12mm。问该孔是否合格？_____。

（5）孔的实效尺寸为_____ mm。

41. 一销轴尺寸标注如图 3 - 4 - 3 所示，试按要求填空，并填表 3 - 4 - 1。

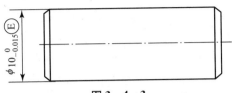

图 3 - 4 - 3

（1）销轴的局部实际尺寸必须为_____ ~ _____ mm。

（2）当销轴的直径为最大实体尺寸_____ mm 时，允许的轴线直线度误差为_____ mm。此时，销轴为一个 $\phi 10$mm 的_____。

（3）填表 3 - 4 - 1。

表 3 - 4 - 1　　　　　　　　　　　　　　　　　　　　　　mm

单一要素实际尺寸	销轴轴线的直线度公差
$\phi 10$	
$\phi 9.995$	
$\phi 9.99$	
$\phi 9.985$	

42. 如图 3 - 4 - 4 所示，被测要素采用的公差原则是_____，最大实体尺寸是_____ mm，最小实体尺寸是_____ mm，最大实体实效尺寸是_____ mm，垂直度公差给定值是_____ mm，垂直度公差最大补偿值是_____ mm。设孔的横截面形状正确，当孔实际尺寸处处都为 $\phi 60$mm 时，垂直度公差允许值是_____ mm，当孔实际尺寸处处都为 $\phi 60.10$mm 时，垂直度公差允许值是_____ mm。

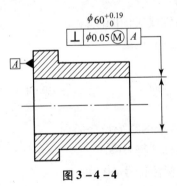

图 3 - 4 - 4

43. 如图 3 - 4 - 5 所示，被测要素采用的公差原则是_____，最大实体尺寸是

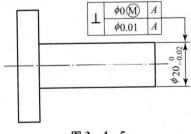

图 3 - 4 - 5

_____ mm，最小实体尺寸是_____ mm，实效尺寸是_____ mm。当该轴实际尺寸处处加工到 20mm 时，垂直度误差允许值是_____ mm；当该轴实际尺寸处处加工到 ϕ19.98mm 时，垂直度误差允许值是_____ mm。

三、选择题

1. 评定圆度误差时，由于采用不同的评定方法而导致对被测零件合格与否发生争执的情况下，应按_____（或图纸上规定的检测方案）来仲裁。

    A. 最小二乘法   B. 最小区域法   C. 最小外接圆法   D. 最大内切圆法

2. 对于径向全跳动公差，下列论述正确的有_____。

    A. 属于形状公差   B. 属于位置公差

    C. 属丁跳动公差   D. 与同轴度公差带形状相同

3. 直线度误差评定时，要求所得误差值最小的评定方法是_____。

    A. 两端点连线法   B. 最小条件法   C. 最小二乘法

4. 位置误差中的定位误差包括_____。

    A. 同轴度误差   B. 对称度误差   C. 位置度误差   D. 以上三者都是

5. 属于形状公差的有_____。

    A. 圆柱度   B. 平面度   C. 同轴度   D. 圆跳动

    E. 平行度

6. 下列公差带形状相同的有_____。

    A. 轴线对轴线的平行度与面对面的平行度

    B. 径向圆跳动与圆度

    C. 同轴度与径向全跳动

    D. 轴线对面的垂直度与轴线对面的倾斜度

    E. 轴线的直线度与导轨的直线度

7. 属于位置公差的有_____。

    A. 平行度   B. 平面度   C. 端面全跳动   D. 倾斜度

    E. 圆度

8. 被测要素采用最大实体要求的零形位公差时，_____。

    A. 位置公差值的框格内标注符号Ⓔ

    B. 位置公差值的框格内标注符号 ϕ0 Ⓜ

    C. 实际被测要素处于最大实体尺寸时，允许的形位误差为零

    D. 被测要素遵守的最大实体实效边界等于最大实体边界

    E. 被测要素遵守的是最小实体实效边界

四、名词解释

1. 几何要素
2. 理想要素
3. 实际要素
4. 被测要素

5. 关联要素

6. 基准要素

7. 轮廓要素

8. 中心要素

9. 单一基准

10. 公共基准

11. 定向公差

12. 定位公差

13. 跳动公差

14. 体外作用尺寸

15. 体内作用尺寸

16. 最大实体实效尺寸

17. 形状公差

18. 位置公差

19. 包容要求

20. 最大实体要求

21. 最小实体要求

22. 独立原则

23. 位置公差

五、综合题

1. 试述形位公差测量的步骤。

2. 试述形位公差的检测原则。

3. 解释图 3 – 4 – 6 中形位公差的含义（从形位公差带的形状、大小和方向三个方面加以说明）。

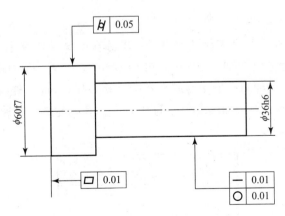

图 3 – 4 – 6

4. 将下列各个项目的公差要求或其他技术要求标在图 3 – 4 – 7 上。

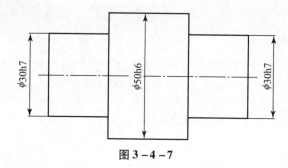

图 3 - 4 - 7

（1）左端中 ϕ30h7 的圆度公差值为 0.02mm。

（2）右端中 ϕ30h7 的轴线对左端中 ϕ30h7 的轴线的同轴度公差为 ϕ0.02mm，且其轴线相对于 ϕ50h6 的右端面的垂直度公差值为 0.01mm。

（3）ϕ50h6 所在圆柱面的圆度公差值为 0.02mm。

（4）ϕ50h6 所在圆柱面相对于尺寸为 ϕ30h7 的两端圆柱面轴线的圆跳动公差值为 0.04mm。

（5）两端 ϕ30h7 的圆柱面表面粗糙度 Ra 值不允许大于 0.8μm 和 ϕ50h6 所在圆柱面的表面粗糙度 Ra 值不允许大于 1.6μm，其余各面不允许大于 6.3μm。

5. 说明图 3 - 4 - 8 中形位公差代号的含义（按形位公差读法及公差带含义分别说明）。

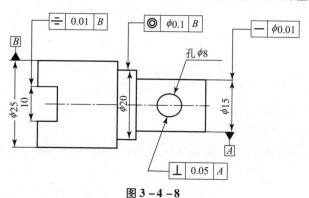

图 3 - 4 - 8

6. 将下列各个项目公差要求或其他技术要求标在图 3 - 4 - 9 上：孔的尺寸为 ϕ40H7，公差为 0.025mm，遵守独立原则；外圆的尺寸为 ϕ80h7，公差为 0.030mm，遵守包容原则。请标注成零件尺寸。左端面对孔的中心线垂直度公差为 0.02mm；外圆轴心线对孔的中心线同轴度公差为 ϕ0.04mm；外圆的圆度公差为 0.1mm；孔的轮廓算术平均偏差为 0.8μm，其余表面为 1.6μm。

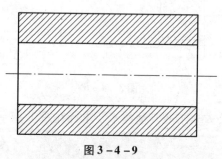

图 3 - 4 - 9

7. 将下列各个项目公差要求或其他技术要求用文字表达或用图表示出来,如图 3 – 4 – 10 所示:

(1) 平面度。

(2) 平行度。

(3) $\phi70mm$ 孔和 $\phi210mm$ 外圆的公差要求 (包括公差原则)。

(4) 垂直度。

(5) 同轴度。

(6) 表面粗糙度。

(7) 绘出基准 B:B 为 $\phi210mm$ 的轴心线。

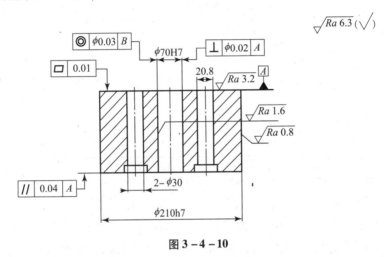

图 3 – 4 – 10

8. 分析题 (见表 3 – 4 – 2)。

表 3 – 4 – 2

图例	被测要素实际尺寸	直线度公差	图例	被测要素实际尺寸	补偿值	直线度公差
$\phi 12_{-0.018}^{\ \ 0}$ Ⓔ	12		$\boxed{-}\ \phi 0.015 \ \text{Ⓜ}$ $\phi 10_{-0.030}^{\ \ 0}$	10		
	11.99			9.985		
	11.982			9.97		

9. 将下列各个项目公差要求或其他技术要求标在图 3 – 4 – 11 上。

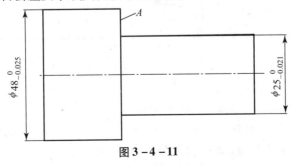

图 3 – 4 – 11

（1）$\phi 25_{-0.021}^{0}$ mm 圆柱面采用包容要求。

（2）$\phi 48_{-0.025}^{0}$ mm 圆柱面的圆度公差为 0.01mm，遵守独立原则。

（3）$\phi 48_{-0.025}^{0}$ mm 的轴线对 $\phi 25_{-0.021}^{0}$ mm 轴线的同轴度公差为 $\phi 0.01$mm，被测要素采用最大实体要求。

（4）端面 A 对 $\phi 25_{-0.021}^{0}$ mm 轴线的圆跳动公差为 0.02mm。

（5）$\phi 48_{-0.025}^{0}$ mm 和 $\phi 25_{-0.021}^{0}$ mm 圆柱面粗糙度 Ra 值不大于 $0.8\mu m$，左端面及 A 端面 Ra 值不大于 $1.6\mu m$，其余各面不大于 $3.2\mu m$。

10. 对某圆柱体的三个截面测量直径求圆度误差，测量结果见表 3 - 4 - 3。

表 3 - 4 - 3

直径读数 被测截面	第一次读数	第二次读数	第三次读数	第四次读数
第 I 截面	60.010	60.032	60.25	60.036
第 II 截面	60.012	60.035	60.022	60.017
第 III 截面	60.023	60.039	60.045	60.042

完成下列问题：

（1）求该圆柱体的圆度误差值。

（2）该测量方法所采用的检测原则属于"形位误差检测原则"中的哪一种原则？

（3）如果给定其圆度公差值为 0.013mm，判断给定零件的合格性，并简述理由。

11. 分析（见表 3 - 4 - 4）。

表 3 - 4 - 4

图例	被测要素实际尺寸	直线度公差	图例	被测要素实际尺寸	垂直度公差	图例	基准要素实际尺寸	补偿值	同轴度公差
	10			20			39.991		
	9.99			19.985			39.965		
	9.982			19.979			39.952		

12. 将下列各个项目的公差要求或其他技术要求标在图 3 - 4 - 12 上：

（1）上表面的平面度公差为 0.01mm。

（2）下端面对上端面的平行度公差为 0.04mm。

（3）$\phi 70$mm 孔按 H7 遵守包容原则，$\phi 210$mm 外圆按 h7 遵守独立原则。

（4）$\phi 70$mm 孔轴线对上端面的垂直度公差为 $\phi 0.02$mm。

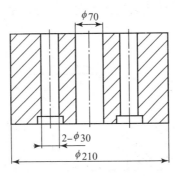

图 3 - 4 - 12

（5）ϕ210mm 外圆轴线对 ϕ70mm 孔轴线同轴度公差为 ϕ0.03mm。

（6）ϕ210mm 外圆表面 Ra 值不大于 0.8μm，ϕ70mm 孔内表面 Ra 值不大于 1.6μm，其余表面 Ra 值不大于 6.3μm。

13. 已知用三点法测平面度误差的数据，见表 3 - 4 - 5（用百分表测量，单位为：格）。

表 3 - 4 - 5

点数 \ 截面	I - I	II - II	III - III
1	32.3	35.3	34.8
2	34.6	32.5	36.7
3	35.9	33.2	37.4

回答以下问题：

（1）计算被测平面的平面度误差。

（2）试问该方法采用的形位误差的检测原则是哪一项原则？

（3）假定该平面的平面度公差为 0.060mm，试判定其合格性。

14. 对某圆柱体的三个截面测量直径，求圆柱度误差，测量结果见表 3 - 4 - 6（用百分表测量，单位为：格）。

表 3 - 4 - 6

被测截面 \ 直径读数	第一次读数	第二次读数	第三次读数	第四次读数
第 I 截面	60.010	60.032	60.025	60.036
第 II 截面	60.012	60.035	60.022	60.017
第 III 截面	60.023	60.039	60.044	60.042

完成下列问题：

（1）求该圆柱体的圆柱度误差值。

（2）测量方法中所采用的检测原则属于"形位误差检测原则"中的哪一项原则？

（3）如果给定其圆柱度公差值为 0.013mm，判断零件的合格性，并简述理由。

15. 试将图3－4－13中各项标注的含义用文字表达出来。

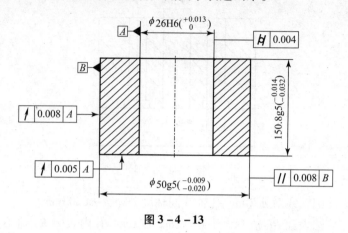

图3－4－13

16. 按图3－4－14填写表3－4－7。

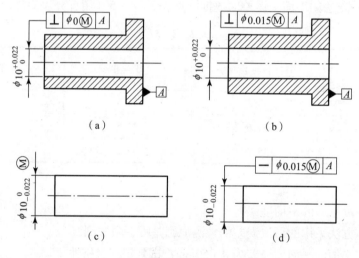

图3－4－14

表3－4－7

序号	最大实体尺寸	最小实体尺寸	最大实体状态时的形位公差	可能补偿的最大形位公差	理想边界名称及边界尺寸	实际尺寸合格范围
（a）						
（b）						
（c）						
（d）						

17. 将下列形位公差要求标注在图3－4－15上。

（1）圆锥面的圆度公差为0.01mm，圆锥素线的直线度公差为0.02mm；

（2）ϕ35H7中心线对ϕ10H7中心线的同轴度公差为0.05mm；

（3）ϕ35H7内孔表面的圆柱度公差为0.005 mm；

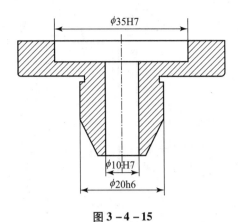

图 3 – 4 – 15

（4）φ20h6 圆柱面的圆度公差为 0.006mm；

（5）φ35H7 内孔端面对 φ10H7 中心线的端面圆跳动公差为 0.05 mm；

（6）圆锥面对 φ10H7 中心线的斜向圆跳动公差为 0.05 mm。

18. 将下列形位公差要求标注在图 3 – 4 – 16 上。

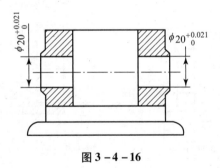

图 3 – 4 – 16

（1）底面的平面度公差为 0.012mm；

（2）$\phi 20^{+0.021}_{0}$ mm 两孔的轴线分别对它们的公共轴线的同轴度公差为 φ0.015mm；

（3）两 $\phi 20^{+0.021}_{0}$ mm 孔的公共轴线对底面的平行度公差为 0.01mm。

19. 解释图 3 – 4 – 17 中各形位公差的含义。

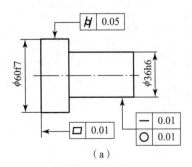

（a）

图 3 – 4 – 17

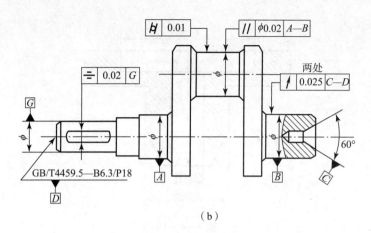

（b）

图 3 - 4 - 17（续）

20. 指出图 3 - 4 - 18 中形位公差标注上的错误，并加以改正（不变更形位公差项目）。

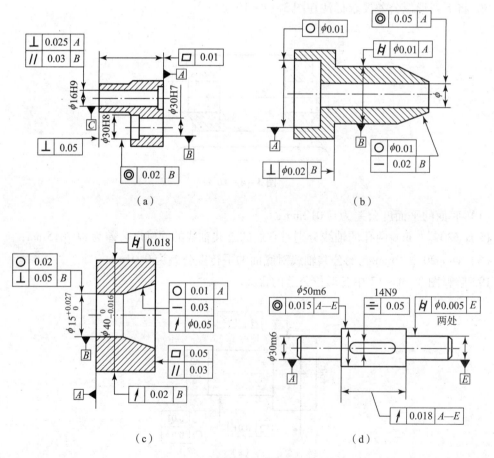

（a）　　　　　　　　　（b）

（c）　　　　　　　　　（d）

图 3 - 4 - 18

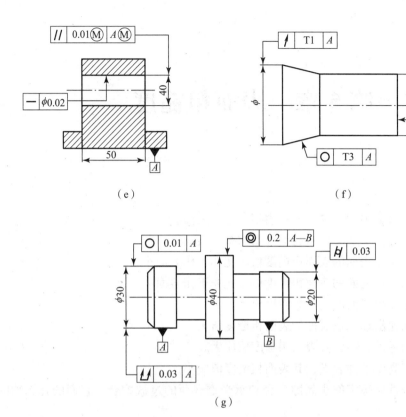

（e）　　　　　　　　　　　　　　　　　　　（f）

（g）

图 3 – 4 – 18（续）

第5章　表面粗糙度

一、判断题

1. 表面粗糙度符号的尖端必须从材料内指向被注表面。　　　　　　　　（　　）
2. 表面粗糙度符号的尖端必须从材料外指向被注表面。　　　　　　　　（　　）
3. 同一零件上，工作表面的表面粗糙度值应比非工作表面小。　　　　　（　　）
4. 同一零件上，工作表面的表面粗糙度值应比非工作表面大。　　　　　（　　）
5. 摩擦表面比非摩擦表面的表面粗糙度值小。　　　　　　　　　　　　（　　）
6. 滚动摩擦表面比滑动摩擦表面的表面粗糙度值大。　　　　　　　　　（　　）
7. 受交变载荷的零件表面，其表面粗糙度值应大。　　　　　　　　　　（　　）
8. 相对运动速度高的零件表面，其表面粗糙度值应小。　　　　　　　　（　　）
9. 对于要求配合性质稳定的小间隙配合和承受重载荷的过盈配合，它们的孔、轴的表面粗糙度值应小些。　　　　　　　　　　　　　　　　　　　　　　　　（　　）
10. 一般来说，尺寸公差和形位公差小的表面，其表面粗糙度数值也应小。　（　　）
11. 对于耐蚀性、密封性要求高的表面，其表面粗糙度数值应大。　　　　（　　）
12. 在间隙配合中，由于表面粗糙不平，故会因磨损而使间隙迅速增大。　（　　）
13. 表面越粗糙，取样长度应越小。　　　　　　　　　　　　　　　　　（　　）
14. 标准推荐优先选用轮廓算术平均偏差 Ra，是因为其测量方法简单。　（　　）
15. 取样长度与高度特性参数之间有一定的联系。一般情况下，高度特性参数值越小，取样长度值越大；反之，高度特性参数值越大，取样长度值越小。　　　　（　　）
16. 选择表面粗糙度，评定参数值越小越好。　　　　　　　　　　　　　（　　）
17. 要求耐腐蚀的零件表面，表面粗糙度值应小一些。　　　　　　　　　（　　）
18. 尺寸精度和形状精度要求高的表面，表面粗糙度值应小一些。　　　　（　　）
19. 用比较法评定表面粗糙度，能精确得出被检验表面的表面粗糙度值。　（　　）
20. 由于间距参数影响零件表面的使用性能，因而在进行表面粗糙度标注时，除了要标注高度参数外，还必须标注间距参数。　　　　　　　　　　　　　　　　（　　）
21. 规定取样长度是为了限制和减弱宏观几何形状误差的影响。　　　　　（　　）
22. 基准线的走向与轮廓的总的走向一致。　　　　　　　　　　　　　　（　　）
23. 中线有两种，标准规定，一般以轮廓的最小二乘线为基准线，但在轮廓图形上，常用轮廓的算术平均中线代替最小二乘中线。　　　　　　　　　　　　　（　　）
24. 评定长度和取样长度之间的数值关系由被测表面的均匀性确定，一般情况下取 $L_n = 5L$。　　　　　　　　　　　　　　　　　　　　　　　　　　　　　　　（　　）
25. 轮廓支撑长度率是指在取样长度内一平行中线的线与轮廓相截所得到的各段截线长

度之和。　　　　　　　　　　　　　　　　　　　　　　　　　　　　（　　）

26. 轮廓支撑长度率能反映表面的耐磨性。一般情况下，其值越大，零件表面的耐磨性越好。　　　　　　　　　　　　　　　　　　　　　　　　　　　　　　（　　）

二、填空题

1. 按照相邻两波峰或两波谷的波距将零件加工表面的几何形状误差分为_____、_____和_____。

2. 表面粗糙度的检测方法有比较法、_____、_____和_____。

3. 提出评定长度的原因是加工表面的粗糙度存在_____性。

4. 微观不平度的间距是指_____的一段中线的长度。

5. 横向轮廓是指_____于表面加工纹理的平面与表面相交所得的轮廓线；纵向轮廓是指_____于表面加工纹理的平面与表面相交所得的轮廓线。

6. 取样长度过长，有可能将_____的成分引入到表面粗糙度的结果中；取样长度过短，则不能反映待测表面粗糙度的_____。

7. 确定取样长度的数值时，在取样长度范围内，一般不少于_____个以上的轮廓峰和轮廓谷。

8. 评定长度可以包括_____取样长度。确定评定长度的目的是减小被测表面上表面粗糙度的_____对测量结果的影响。

9. 最小二乘中线是一条_____线，在取样长度内轮廓线上各点到此线距离的_____。

10. 在取样长度内将轮廓划分为面积相等的上下两部分的一条假想线称为轮廓的_____线。

11. 表面粗糙度参数值的选择应遵循既要满足零件_____，也要考虑到_____的原则，一般用_____法确定。

12. 比较法_____，适合_____使用，主要用于评定表面粗糙度要求_____的表面。

13. 光切法是利用_____测量表面粗糙度的一种方法，常用的仪器是_____，其测量范围为_____，适用于_____和_____参数的评定。

14. 轮廓算术平均偏差是指在取样长度内_____的算术平均值，其数学表达式近似为_____。

15. 选用轮廓支撑长度率参数时必须同时给出_____的数值。

16. 轮廓最大高度是指在取样长度内轮廓_____和轮廓_____之间的距离，其数学表达式为_____。

17. 标准规定，在高度特性参数常用的参数值范围内，优先选用_____。

18. 取样长度与高度特性参数之间有一定的联系，一般情况下，高度特性参数值越大，取样长度值_____。

三、名词解释

1. 表面粗糙度

2. 取样长度

3. 评定长度

4. 轮廓最小二乘中线

5. 轮廓算术平均中线

6. 轮廓最大高度

7. 基准线

8. 轮廓算术平均偏差

四、综合题

1. 表面粗糙度对零件使用性能有什么影响？

2. 试述表面粗糙度评定参数 Ra、Rz 的含义。

3. 为什么要规定取样长度和评定长度？两者之间的关系如何？

4. 国家标准 GB/T 3505—2000 规定，评定表面粗糙度的幅度参数有哪些？

5. 什么是评定长度？试说明评定长度与取样长度在数值上的关系。

6. 什么是表面粗糙度代号？画图说明标准规定的各参数在代号上的标注位置。

7. 表面粗糙度的选用一般采取什么方法？遵循的原则是什么？

8. 试说明最大值、最小值与上限值、下限值在含义和标注上的区别。

9. 解释表 3 - 5 - 1 中表面粗糙度标注的意义。

表 3 - 5 - 1

代号	意义
$\sqrt{}$ Ra 0.8	
$\sqrt{}$ Rz 0.4	
$\sqrt{}$ Rzmax 0.2	
$\sqrt{}$ 0.008−0.8/Ra 3.2	
$\sqrt{}$ −0.8/Ra 3 3.2	
$\sqrt{}$ U Ramax 3.2 L Ra 0.8	

10. 将下列表面粗糙度技术要求标注在图 3 - 5 - 1 所示的机械加工的零件图样上。

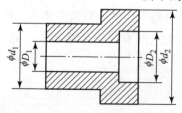

图 3 - 5 - 1

（1）ϕD_1 孔的表面粗糙度轮廓参数 Ra 的上限值为 3.2μm。

（2）ϕD_2 孔的表面粗糙度轮廓参数 Ra 的上限值为 6.3μm，最小值为 3.2μm。

（3）零件右端面采用铣削加工，表面粗糙度轮廓参数 Rz 的上限值为 12.5μm，下限值为 6.3μm，加工纹理呈近似放射形。

（4）ϕd_1 和 ϕd_2 圆柱面粗糙度轮廓参数 Rz 的上限值为 25μm，其余表面的表面粗糙度轮廓参数 Rz 的上限值为 12.5μm。

11. 将表面粗糙度符号标注在图 3-5-2 上，要求：

（1）用任何方法加工圆柱面 ϕd_3，Ra 最大允许值为 3.2μm。

（2）用去除材料的方法获得孔 ϕd_1，要求 Ra 最大允许值为 3.2μm。

（3）用去除材料的方法获得表面 a，要求 Rz 最大允许值为 3.2μm。

（4）其余用去除材料的方法获得的表面，要求 Ra 允许值均为 25μm。

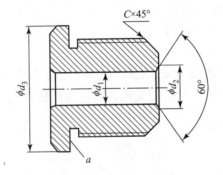

图 3-5-2

第6章 圆锥、螺纹、量规、齿轮

一、判断题

1. 万能角度尺的测量范围是 $0° \sim 180°$。 （　　）
2. 正弦规测量后需经数据处理，得出工件的角度或锥度。 （　　）
3. 锥度的单位是 mm/m。 （　　）
4. 紧密配合的圆锥不具有互换性。 （　　）
5. 螺纹单项检测用螺纹千分尺测量中径。 （　　）
6. 普通螺纹小径与大径的公称尺寸之间的关系：$d_1 = d - 1.082\,532P$。 （　　）
7. 校对量规是校对轴用工作量规的量规，以检验其是否符合制造公差及在使用中是否达到磨损极限。 （　　）

二、填空题

1. 常用的莫氏锥度共有＿＿＿＿种，从＿＿＿＿号至＿＿＿＿号。
2. 圆锥公差包括＿＿＿＿、＿＿＿＿和＿＿＿＿三个方面。
3. 圆锥配合的种类有＿＿＿＿、＿＿＿＿和＿＿＿＿三种。
4. 圆锥配合的形成方法有＿＿＿＿和＿＿＿＿两种。
5. 锥角公差共分 12 个公差等级，用＿＿＿＿表示，其中＿＿＿＿最高、＿＿＿＿最低。
6. 圆锥形状公差包括＿＿＿＿和＿＿＿＿。
7. 这种游标万能角度尺的游标读数值有＿＿＿＿和＿＿＿＿两种，测量范围为＿＿＿＿。
8. 游标万能角度尺有四种组合，能测量＿＿＿＿范围内的任意角度。
9. 量规按用途分为＿＿＿＿、＿＿＿＿和＿＿＿＿。
10. 对外螺纹的中、大径规定了四种基本偏差，以＿＿＿＿为基本偏差。
11. 验收量规是检验部门或用户＿＿＿＿时使用的量规。
12. 孔用极限量规是塞规，它的通规是根据孔的＿＿＿＿确定的，止规是按孔的＿＿＿＿设计的。
13. 轴用量规称为卡规或环规，它的通规是按轴的＿＿＿＿设计的，止规是按轴的＿＿＿＿设计的。
14. 光滑极限量规是一种没有＿＿＿＿的专用量具。
15. 跨齿数的计算公式是：＿＿＿＿。
16. 量规测量面的材料可用＿＿＿＿、＿＿＿＿和＿＿＿＿。

17. 螺纹按用途不同可分为_____、_____和_____。

18. 影响螺纹互换性的几何参数有五个：_____、_____、_____、_____和_____，其主要因素是_____、_____和_____。

19. 螺纹的公差等级一般_____级为基本级，其中_____级精度最高，_____级精度最低。

20. 螺纹的基本偏差标准中对内螺纹的中径、小径规定采用两种公差带位置，以_____基本偏差。

21. 螺纹旋合长度分_____、_____和_____三组。

22. 螺纹公差带按短、中、长三组旋合长度给出了_____、_____及_____三种精度。

23. 公法线公称长度 $W_{公称}$ 的计算公式是：_____。

24. 齿厚极限偏差共计有_____种代号。

25. 分度圆弦齿厚 $\bar{s}$ 的计算公式是：_____。

26. 分度圆弦齿高 $\bar{h}$ 的计算公式是：_____。

27. 齿圈径向跳动 ΔF_r 在工厂中也常用圆柱棒代替球测头测量，其直径 $\approx$ _____ m，m 为被测齿轮模数。

28. 公法线长度可用_____测量。

29. 标准对齿轮及齿轮副规定了_____个精度等级，_____级精度最高，_____级精度最低。

三、选择题

1. 万能角度尺的刻线原理与_____相似。
   A. 游标卡尺　　　　　　B. 千分尺　　　　　　C. 百分表

2. 万能角度尺只装直尺时的测量范围是_____。
   A. $0° \sim 50°$　　　　　　　　　　B. $50° \sim 140°$
   C. $140° \sim 230°$　　　　　　　　　D. $230° \sim 320°$

3. 属于精密螺纹代号的是_____。
   A. 4H　　　　　　B. 6H　　　　　　C. 7H　　　　　　D. 8h

四、名词解释

1. 圆锥直径
2. 圆锥长度
3. 圆锥的结合长度 L_p
4. 圆锥角（锥角）α
5. 圆锥素线角 $\alpha/2$
6. 锥度 C
7. 圆锥基面距
8. 圆锥角公差
9. 圆锥直径公差

10. 给定截面圆锥直径公差 T_{DS}

11. 螺纹大径 D 或 d

12. 螺纹小径 D_1 或 d_1

13. 螺纹单一中径

14. 螺距 P

15. 牙型角 α 与牙型半角 $\dfrac{\alpha}{2}$

16. 原始三角形高度 H

17. 牙型高度 h

18. 螺纹旋合长度 L

19. 齿圈径向跳动 ΔF_r

20. 公法线长度变动 ΔF_w

21. 齿厚偏差 ΔE_s

22. 公法线平均长度偏差 ΔE_{wm}

23. 工作量规

24. 验收量规

25. 校对量规

五、问答题

1. 举例说明圆锥配合的种类。

2. 哪些圆锥几何参数偏差对圆锥互换性有影响？

3. 直径偏差如何影响基面距？

4. 圆锥角偏差如何影响基面距？

5. 圆锥的形状误差对圆锥配合有何影响？

6. 量规的基本特征是什么？

7. 如何判断螺纹中径的合格性？

8. 对齿轮传动的要求有哪些？

9. 渐开线圆柱齿轮轮齿同侧齿面偏差有哪些项目？它们对齿轮传动各有什么影响？

10. 渐开线圆柱齿轮径向综合偏差与径向跳动有哪些项目？它们对齿轮传动各有什么影响？

11. 如何确定齿轮的检验项目？单个齿轮有哪些必检项目？

12. 齿坯有哪些精度要求？

13. 齿轮副的精度要求有哪些？

14. 试述圆锥配合的基本参数。

15. 圆锥结合有哪些特点？

16. 圆锥配合分为哪几类？各适用于什么场合？

17. 圆锥的直径公差与给定截面的圆锥直径公差有什么不同？

六、综合题

1. 一外圆锥的锥度 $C = 1:20$，大端直径 $D = 20$，圆锥长度 $L = 60$，试求小端直径 d、圆锥角 α 和素线角 $\alpha/2$。

2. 有一外圆锥，已知其最大直径 $D_e = 20\text{mm}$，最小直径 $d_e = 15\text{mm}$，圆锥长度 $L_e = 100\text{mm}$，试求其锥度、锥角和圆锥素线角。

3. 某零件的公称锥角 $\alpha = 30°$，在中心距 $C = 100\text{mm}$ 的正弦规上测量。求：

（1）应垫量块组高度 H。

（2）若从百分表读出锥体素线 $l = 60\text{mm}$，长度两端数值 $M_a = +5\mu\text{m}$，$M_b = -10\mu\text{m}$，求零件的实际锥角。

4. 某螺母 M24×2 - 7H，加工后实测结果为：单一中径 22.710mm，螺距累积误差的中径当量 $F_P = 0.018\text{mm}$，牙型半角误差的中径当量 $F_{\frac{\alpha}{2}} = 0.022\text{mm}$，试判断该螺母的合格性。

5. 有一螺纹 M30×2 - 6h，其单一中径 $d_{2单一} = 28.329\text{mm}$，螺距误差 $\Delta P_\Sigma = +35\mu\text{m}$，牙型半角误差：$\Delta\left(\dfrac{\alpha}{2}\right)_左 = -30'$，$\Delta\left(\dfrac{\alpha}{2}\right)_右 = +65'$，求作用中径并判断该螺纹的合格性。

6. 有一螺栓 M24—6h，加工后量得其单一中径 $d_{2单一} = 21.9\text{mm}$，$\Delta P_\Sigma = +50\mu\text{m}$，$\Delta(\alpha/2) = +50'$，问此螺栓是否合格？

七、指出下列代号的含义

M20×2 - 6H/5g6g - LH；

M24 - 6H/5g6g；

M30×2 - 6h；

M36 - 5g6g；

M24 - 6H/6g；

M24×2 - 5H6H - L；

M24×2 - 4H5H；

M20 - 7g6g - 40；

M30 - 6H/6g；

M30×2 - 6h；

M36 - 5g6g；

M24 - 6H/6g；

M24×2 - 5H6H - L；

M24×2 - 4H5H；

M20 - 7g6g - 40；

M30 - 6H/6g；

7 - 6 - 6GM GB/T 10095—1988；

7FL GB/T 10095—1988；

$4\left(\begin{smallmatrix} -0.330 \\ -0.495 \end{smallmatrix}\right)$ GB/T 10095—1988；

副 $7 - 6 - 6$GM GB/T 10095—1988；

$6(F_i''、f_i'')$ GB/T 10095.2—2001；

$7(F_\alpha)$ 8 $(f_{pt}、F_P、F_\beta)$ GB/T 10095.1—2001；

8 GB/T 10095.1；

8 GB/T 10095.2。